U0219633

黄土高原水旱地冬小麦长势动态监测及产量品质遥感估测

Monitoring Dynamically Growth Vigour and Predicting Irrigation-land and Dry-land Winter Wheat Grain Yield and Quality on Loess Plateau Based on the Remote Sensing Technology

冯美臣 著

中国农业大学出版社
· 北京 ·

内容简介

全书共分为八章，第一章为绪论，详细介绍了冬小麦长势监测、产量品质遥感预测预报的意义以及国内外的研究进展。第二章简要介绍了研究区自然地理概况及冬小麦生长发育和环境条件。第三章主要介绍了遥感数据源和图形图像数据处理方法，包括了3D建模、大气校正、图像镶嵌、几何校正、投影变换、图像增强等技术。第四章为冬小麦种植面积提取，在总种植面积提取的基础上，结合研究区地形特点，介绍了水旱地冬小麦种植面积提取的研究成果。第五章对水旱地冬小麦生育期内NDVI变化特征、长势空间监测和年同期长势监测进行了介绍。第六章对研究区冬小麦干旱和冻害发生进行了分析，利用地面高光谱技术和大尺度遥感技术对冻害进行了监测研究。第七章利用气象数据和光谱数据构建了冬小麦光谱产量模型、气象产量模型以及光谱气象产量模型，并对估产结果进行了讨论。第八章介绍了冬小麦籽粒蛋白质监测方法以及模型反演，并对反演结果进行了区划分析。

图书在版编目(CIP)数据

黄土高原水旱地冬小麦长势动态监测及产量品质遥感估测/冯美臣著.
—北京：中国农业大学出版社，2015.10

ISBN 978-7-5655-1423-4

Ⅰ.①黄… Ⅱ.①冯… Ⅲ.①旱地－冬小麦－生长势－研究 Ⅳ.①S512.1

中国版本图书馆CIP数据核字(2015)第244866号

书　名 黄土高原水旱地冬小麦长势动态监测及产量品质遥感估测
作　者 冯美臣　著

策划编辑 梁爱荣　　**责任编辑** 梁爱荣
封面设计 郑　川
出版发行 中国农业大学出版社
社　址 北京市海淀区圆明园西路2号　　**邮政编码** 100193
电　话 发行部 010-62818525,8625　　读者服务部 010-62732336
编辑部 010-62732617,2618　　出　版　部 010-62733440
网　址 http://www.cau.edu.cn/caup　　**e-mail** cbsszs@cau.edu.cn
经　销 新华书店
印　刷 涿州市星河印刷有限公司
版　次 2015年10月第1版　2015年10月第1次印刷
规　格 787×1 092　16开本　11.25印张　205千字　插页6
定　价 35.00元

图书如有质量问题本社发行部负责调换

前言

粮食安全问题是我国社会可持续发展的重大问题，也是世界各国关注的问题。小麦的种植面积和产量仅次于水稻和玉米，是我国第三大粮食作物。小麦产量是各级政府进行决策、生产部门指导农业生产、流通领域安排粮食收购和销售、交通部门安排运输计划的重要经济信息。实时监测冬小麦产量信息可以为冬小麦生产的管理、决策、宏观调控和粮食安全问题的应对提供科学依据，同时，籽粒品质的实时信息可以指导生产企业的收购，缩短检测化验时间，降低成本，提高效率。传统的作物长势监测与产量品质监测主要是采用人工区域调查方法，结合其他生态因子进行预测预报，速度慢、工作量大、成本高，很难实现精确的预测预报。而现代信息技术的引入，为解决上述问题提供了有效手段。

3S(GPS、GIS、RS)技术的内涵主要是以计算机技术、空间技术和现代网络通信技术为核心，综合发挥地理信息系统、遥感系统、全球定位系统3项技术特点的技术体系。目前，该技术已广泛应用于农作物长势监测中。3S技术的集成为农作物长势快速监测，灾害(旱害、冻害)的发生、严重程度和空间分布信息以及产量估测和品质预测提供了技术基础，对保障粮食安全和实现农业可持续发展具有重要的意义。

本书综合利用3S技术及地面高光谱技术，以山西省中南部主要麦区冬小麦为研究对象，详细阐述了3S技术和高光谱技术在冬小麦长势动态监测及产量、品质遥感预测预报中的应用。书中涉及的内容主要来自于国家自然科学基金、山西省科技攻关项目、山西省青年基金等项目的资助，这些课题包括：国家自然科学基金项目“冬小麦冻害高光谱遥感监测机理研究”(31201168)、“冬小麦干旱高光谱遥感监测机理及灾损评估研究”(31371572)；山西省青年基金项目“基于3S技术的冬小麦冻害监测及评价”(2012021023-5)；教育部高等学校博士学科点博导基金“冬小麦冻害遥感监测及产量评估研究”(20111403110002)；山西省科技攻关项目和山西省气象局开放式研究基金项目“基于4S的冬小麦长势动态监测与估产研究”(2006031114，SX053001)等。本书收录了作者关于冬小麦种植面积提取、长势监测、冻害监测、产量估测及蛋白质监测等方面的部分研究结果，有些结果已在《Plos

One》《Agricultural Sciences in China》《Bulgarian Journal of Agricultural Science》《Advanced Materials Research》《光谱学与光谱分析》《农业工程学报》《中国生态农业学报》等期刊上发表。

著者于2004年到山西农业大学农学院作物栽培学与耕作学系，师从杨武德教授做冬小麦遥感监测研究。期间先生在学习和生活上都给予了无私的帮助和关怀，在此对先生道一声衷心的感谢。在研究内容、试验设计与实施以及在最后的整理成书过程中，得到了苗果园教授、郭平毅教授、张定一研究员、张美俊副教授、宋晓彦副教授、董琦副教授的大力协助与支持；多位博士和硕士研究生直接参与了书中部分研究工作，他们分别是：肖璐洁、穆婷婷、张东彦、曹亮亮、张建华、王芊、王慧芳、王超、任鹏、王慧琴、郭小丽、孙倩倩、史超超；在学业与工作协调中，也得到了山西农业大学农学院各位同仁及领导的大力支持，在此一并表示诚挚的谢意！

限于著者的学识水平，加之编写时间仓促，书中的内容和观点难免存在不妥和疏忽之处，欢迎大家不吝指正。另外，文中所列仅为主要参考文献，对未列之作，向相关学者表示诚挚的谢意。

冯美臣
2015年7月

目录

第一章 绪　　论

第一节　研究背景及意义

当今世界，人口、粮食、资源、环境等成为困扰着人类社会发展的重大问题。粮食生产作为社会可持续发展的基础条件，更是由于人口的急剧膨胀对粮食需求量越来越大。特别是我国人口约占全世界的1/4，但耕地不足，后备耕地资源匮乏，人均耕地远远低于世界平均水平。因此，土地和粮食问题对我国经济的持续稳定发展具有特别重大的意义。

小麦是我国主要的粮食作物之一，其种植面积据2004年统计为2120万hm^2，约占世界的9.8%，小麦总产为10105万t，约占世界的18.4%。小麦产量是各级政府进行决策、生产部门指导农业生产、流通领域安排粮食收购和销售、交通部门安排运输计划的重要的经济信息。因此，小麦面积的精确提取与小麦产量的准确预测对我国农业和经济的发展具有重要意义。然而由于小麦在生长期内受多种自然灾害及人为因素的影响，特别是近年来，随着我国农业种植结构的调整，使得小麦在种植面积和产量上经常出现波动现象。尤其是在加入WTO后，如何为我国小麦贸易提供及时准确的长势状况和种植面积，已成为我国小麦发展的首要问题。这对于指导中国粮食农业生产，稳定国内粮食市场，增强中国粮食在世界粮食市场的竞争力、维护农民利益具有重要意义。另外，传统的小麦估产是采用人工区域调查方法，速度慢、工作量大、成本高，很难得到精确的小麦种植面积和产量。遥感技术和地理信息系统的引入，为解决上述问题提供了有效手段。

遥感估产是指在收集分析农作物光谱特征的基础上，通过卫星传感器记录的地球表面信息辨别作物类型、监测作物长势、建立光谱反射率与产量的统计关系式，用于提前1～2个月预测作物总产量的一系列技术方法(Patel等，1985；Barnett等，1982；Tennakoon等，1992；Rasmussen，1997；Rudorff等，1990；Bouman，1992；江晓波等，2002)。NOAA/AVHRR辐射计的遥感数据具有时频高、覆盖范围大、成本低、波段范围宽等特点，是很理想的信息源。遥感估产侧重植被绿度与后期产量的统计关系，对区域产量的早期预报非常实用（莫兴国等，2004），为我国国民经济的宏观决策提供科学依据。

长势是指作物生长的状况与趋势。作物的长势可以用个体特征与群体特征综合来描述。发育健壮的个体所构成的合理的群体，一般就是长势良好的作物产区（杨邦杰，1999，2001）。作物长势监测是对作物从出苗到成熟过程中各个生育期生长状况及其变化规律的宏观监测。农作物长势监测是农情遥感监测与农作物估产的核心部分，其本质是在作物生长早期阶段就能反映出作物产量的丰欠趋势，通过实时的动态监测逐渐逼近实际的作物生物量。因此，作物长势监测是一个动态监测的过程，需要对作物的生长期进行持续的监测，跟踪作物的生长过程，尽早地获得作物产量的变化情况。

我国是农业大国，从国家最高决策者到基本的农户都需要作物的长势信息。对农作物长势进行动态监测可以及时了解农作物的生长状况、土壤墒情、肥力及植物营养状况，便于采取各种管理措施，从而保证农作物的正常生长；可以及时掌握大风、降水等天气现象对农作物生长的影响以及冻害、干旱、病虫害等自然灾害将对产量造成的损失等，为农业政策的制定和粮食贸易提供决策依据；同时可以作为农作物估产的必要前提（陈述彭，1990；周成虎，1993）。实际上，在作物生育期内尽早掌握作物的长势，在一定情况下，比精确估计作物种植面积和总产量本身还要重要，因为作物的长势信息能够对大规模的粮食短缺或盈余及早做出预告，指导农业进一步生产。但由于我国国土辽阔、地形复杂、种植结构多样、农户规模小，以及遥感技术发展的局限性，遥感估产在某些关键技术和应用运行方面仍然需要加强研究。通过研究和技术改进，使遥感技术在农业领域发挥更重要的作用（周清波，2004）。

本书正是在充分利用3S（GPS、GIS和RS）技术的优势基础上，以山西省冬小麦为主要研究对象，详细阐述3S技术在作物长势、灾害（干旱和冻害）、产量和品质监测及预测预报方面的研究方法和实例。

第二节　农作物长势监测及灾害预测研究进展

一、长势监测的遥感理论基础及研究进展

（一）遥感理论基础

通过遥感手段监测植被，最重要的是利用卫星传感器对地表植被反射光谱的

响应,建立光谱响应和植被覆盖及长势之间的相关性。这种相关性可以利用单波段数据来反映,也可以通过组合几个波段的数据来反映。研究表明,几个波段组合可以获得比单波段数据更好的效果,更能反映植被的长势和覆盖度信息。

1.植物的光谱特性与植被指数

研究表明,利用在轨卫星的红光和近红外波段的不同组合进行植被研究非常好,这些波段间的线性和非线性的组合方式称为植被指数。

各种地物都有自己特有的反射(辐射)光谱特性,根据这一特性就可以对不同地物进行识别和分类。根据植被的光谱反射特征,绿色植被光合作用对红光(670 nm)和蓝光(470 nm)有极大的敏感性,在这两个波段有极大吸收,因此植被在可见光部分反射的能量非常低;而植被对近红外波段的吸收率却极低,近红外波段在植被叶面被散射掉(反射和传输),而且散射程度因叶冠的光学和结构特性而异。因此,随着植物的生长、发育或受病虫害及水分短缺状态等的不同,植物叶片的叶绿素含量、叶腔的组织结构、水分含量均会发生变化,致使叶片的光谱特性发生变化,这种变化可以在可见光和近红外波段同步显现出来,这对于植物和非植物的区分、不同植被类型的识别、植被长势监测等都是至关重要的。因此,可以通过光谱信息获得植被的生长状况,实现对植被的长势变化监测、灾害监测及生物量估算等(李郁竹,1993;吴炳方等,2004)。

植被对近红外和红光波段的这种反射率的差别可以作为植被的敏感指示器,极大突出植被与其他地物信息的区别,更好地区分绿色植物、土壤、水体等。在植被覆盖非常少或者无植被区域,红光-近红外反射率差异很小;在低植被或中等植被覆盖区域,这种差异是红光和近红外波段同时变化的结果;在植被高覆盖区,红光-近红外波段反射率体现巨大差异,随着植被覆盖度的增加,只有近红外波段随着植被覆盖度的增加而增加,而红光由于叶绿素的吸收出现饱和(田庆久等,1998)。

红光-近红外的反差(对比)可以用以下几种形式量化表示:比值形式(ρ_{NIR}/ρ_{RED}),差分形式($\rho_{NIR}-\rho_{RED}$),线性组合形式($X_1\times\rho_{RED}+X_2\times\rho_{NIR}$),或者以上几种形式的综合形式。20多年来,各国科学家已经研究发展了40多个植被指数。

2.主要植被指数

基于以上原理,目前已有很多用于植被监测的植被指数模型,经常使用的有十多种。它们与植被的覆盖度、生物量等有较好的相关性。下面对它们进行对比,分析其优缺点。

(1)比值植被指数(Ratio Vegetation Index,RVI)。比值植被指数的公式为:

$$RVI=\rho_{RED}/\rho_{NIR}$$

式中：ρ_{RED}、ρ_{NIR}分别为红光波段和近红外波段的反射率。研究表明，当植被覆盖度大于50%时（高覆盖），RVI对植被覆盖度的差异敏感；但它不能很好区分小于30%的植被覆盖度差异，并受大气和地形辐射效应的强烈影响。因此，RVI适合应用于植被发展高度旺盛、具有高覆盖度的植被监测。

（2）垂直植被指数（Perpendicular Vegetation Index，PVI）。其公式为：

$$PVI=(\rho_{NIR}-a\rho_{RED}-b)/(a^2+1)^{1/2}$$

式中：a和b均为系数。ρ_{RED}、ρ_{NIR}分别为红光波段和近红外波段的反射率。植被指数的变化是植被覆盖度与土壤背景综合作用的结果，而不是单纯由叶面积与覆盖度决定。如果植被覆盖度小于100%，土壤背景就会影响植被反射，经常混淆植被信号，即使是在接近全植被覆盖的条件下，土壤背景的影响也不是完全不存在（Daughtry等，1982）。土壤亮度与颜色在空间上的改变，也会削弱一些植被指数对植被覆盖度估算方面的准确性。土壤背景的变化是植被遥感信号不确定性的主要原因，虽然土壤背景反射是变化的，但它也是可以预测的。为了减小土壤背景的影响，Richardson和Weigand设计了垂直植被指数PVI（Richardson等，1977）。PVI可以减弱土壤背景的影响。但是，Huete（1988）和Major（1990）的研究表明PVI仍会受到土壤背景的一定影响。

（3）土壤调节植被指数（Soil-Adjusted Vegetation Index，SAVI）。其公式为：

$$SAVI=[(\rho_{RED}-\rho_{NIR})/(\rho_{RED}+\rho_{NIR}+L)]\times(L+1)$$

式中：L为0～1的系数，ρ_{RED}、ρ_{NIR}分别为红光波段和近红外波段的反射率。为进一步降低土壤背景变化对植被指数的影响，Huete（1988）提出了土壤调节植被指数。SAVI通过向NDVI的分母中引入土壤反射调节因子L，将土壤亮度对于光谱植被指数的影响减至最低。Huete的研究表明：对于不同的土壤背景，SAVI几乎可以排除土壤引起的植被指数变化。L可以随着土壤类型与叶面积指数而变化，但在大多数情况下，取常量0.5比较适合。SAVI能够降低土壤背景的影响，但也降低了与植被覆盖度的相关性。研究表明，使用SAVI来估算植被覆盖度的效果并不如其他植被指数理想。如Bradley（2002）对NDVI、N^{*2}、SAVI三个植被指数与植被覆盖度的线性回归结果进行了比较，结果表明NDVI与N^{*2}与植被覆盖度有较好的相关性。Purevdo等（1998）比较了NDVI、SAVI、MSAVI和TSAVI四个植被指数与植被覆盖度的二次多项式回归结果，表明TSAVI与NDVI可以最好地估算大范围的草地植被覆盖。

（4）修改型土壤调节植被指数（Modified Soil-Adjusted Vegetation Index，MSAVI）。其计算公式为：

$$MSAVI = 2\{\rho_{NIR}+1-[(2\rho_{RED}+1)^2-8(\rho_{NIR}-\rho_{RED})]^{1/2}\}/2$$

式中，ρ_{RED}、ρ_{NIR}分别为红光波段和近红外波段的反射率。MSAVI 的实质就是将 SAVI 中的常量 L 替换为变量，此变量可以归纳得出，也可以使用 NDVI 与 WDVI 计算得出。Qi 等(1994)的研究结果表明 MSAVI 将土壤背景的影响减至最低，增强了对植被的敏感性。Leprieur 等(1994)检验了 NDVI、MSAVI 与 GEMI 在估算植被覆盖度方面的能力，结果表明 MSAVI 在监测低植被覆盖度时效果并不理想，但随着植被覆盖度的增加，逐渐表现出优势。

(5)转换型土壤调节植被指数(Transferred Soil-Adjusted Vegetation Index，TSAVI)。其计算公式为：

$$TSAVI = a(\rho_{NIR}-a\rho_{RED}-b)/(a\rho_{NIR}+\rho_{RED}-ab)$$

式中 a，b 为系数因子，ρ_{RED}、ρ_{NIR}分别为红光波段和近红外波段的反射率。

(6)全球环境监测指数(Baret 等，1989)(Global Environment Monitoring Index，GEMI)。其计算公式为：

$$GEMI = \eta(1-0.25\eta)-(\rho_{RED}-0.125)/(1-\rho_{RED})$$

其中 η 参数计算公式为：

$$\eta = 2[(\rho_{NIR}{}^2-\rho_{RED}{}^2)+1.5\rho_{NIR}+0.5\rho_{RED}]/(\rho_{NIR}+\rho_{RED}+0.5)$$

式中，ρ_{RED}、ρ_{NIR}分别为红光波段和近红外波段的反射率。GEMI 与其他的植被指数相比，最大的优点就是不需要大气纠正。

(7)归一化差值植被指数(Normalized Difference Vegetation Index，NDVI)。又叫标准化植被指数，其计算公式为：

$$NDVI=(\rho_{NIR}-\rho_{RED})/(\rho_{NIR}+\rho_{RED})$$

式中，ρ_{RED}、ρ_{NIR}分别为红光波段和近红外波段的反射率(Pinty 等，1992)。它是最成熟、最常用的一种植被指数，是植物生长状态以及植被空间分布密度的最佳指示因子，与植被分布密度呈线性相关，在使用遥感图像进行植被研究以及植物物候研究中得到广泛应用。但 NDVI 的缺点是对土壤背景的变化较为敏感。当植被覆盖度小于 15%时，数值高于裸土的 NDVI 值，对植被检测的灵敏度下降；植被覆盖度大于 80%时，NDVI 值达到饱和，检测能力逐步下降；只有当植被覆盖度为 25%～80%时，才随植被覆盖度的增大呈线性增加。

与其他的植被指数相比，NDVI 因下面几个方面优势在植被指数中占据着非常重要的位置：

(1)植被检测灵敏度较高;

(2)植被覆盖度的检测范围较宽;

(3)能消除地形和群落结构的阴影和辐射干扰;

(4)能削弱太阳高度角、传感器高度角和大气所带来的噪声。

(二)研究进展

"七五"期间,国家气象局开展了冬小麦苗情监测和产量预报研究。20世纪80年代,福建省气象科学研究所利用NOAA资料,监测福建东南部双季晚稻长势。国家气象局等单位自1984年开始进行北方11个省(市、自治区)冬小麦气象卫星遥感综合测产研究和试验,创建了气象卫星动态监测大面积冬小麦长势的方法与技术。

1989—1995年农业部利用美国陆地卫星资料开展了北方7省冬小麦长势、旱情、单产和总产等项目的监测预报研究工作。从1996年开始,冬小麦长势和旱情评估转入实际运行。1998年以来,中国科学院支持开展了知识创新工程重要方向项目"全球农作物遥感估产研究","九五"重中之重和特别支持项目"中国资源环境遥感信息系统及农情速报",主要开展全球尺度的作物长势动态监测和重点粮食产国的总产预测。中国农情遥感速报系统通过对NOAA/AVHRR数据处理流程的规范化和系统化,形成具有运行能力的农作物长势定性监测系统,这种监测方法能够提供每旬或每月监测结果,在运行的同时,从农作物生长过程角度建立监测流程,形成农作物长势定量监测系统,为用户构建了综合的作物实时生长状况及苗情生长趋势的分析环境,实现了作物长势遥感监测综合分析。同时可以依据野外地面实测信息对遥感监测结果进行标定和检验。

应用遥感技术,使得我国农作物长势监测取得了巨大发展,从冬小麦单一作物发展到小麦、水稻、玉米、棉花等多种作物,从小区域发展到大区域,从单一信息源发展到多种遥感信息源的综合应用,监测精度不断提高。

中国农情遥感监测系统自1998年以来利用当年的NDVI图像与前一年同期图像比较的方法监测大范围作物的长势,差值图像按值大小分成5级(差、稍差、持平、稍好和好),每旬监测一次,运行化程度很高。以此为基础,通过综合农业气象分析,作物长势实时监测和生长过程监测,在县、区划单元、省、主产区、全国5个尺度上进行作物生长过程线监测,并基于耕地、水、旱田分别进行统计分析,通过地面观测进行验证,形成综合的农作物长势监测技术体系,建成了作物长势遥感监测系统。

程一松等(2001)利用高光谱遥感NDVI过程曲线,来及时(平均2~3天1次)地提供农作物长势、水肥状况和病虫害情况,称之为"征兆图"(symptom maps),供诊断、决策和估产等使用。为了实时地获取数据,需要反复利用航空遥感或利用各个小卫星建立全球数据采集网。

江东等(2001)利用气象卫星 NOAA/AVHRR 资料,反演出农作物生育期内每日和每旬的 NDVI 数据,分析了 NDVI 时间曲线的波动和农作物生长发育阶段及农作物长势的响应规律,并探讨了二者的生态学内涵,以华北冬小麦为例,探讨了 NDVI 在冬小麦各个生育时期的积分值与农作物单产之间的相互关系。

弋良朋等(2002)以不同时间相同季相的遥感数字图像为资料源,结合实际调查,参考各类专题图、社会经济统计资料,借助遥感专业图像处理分析软件,利用重归一化植被指数(RDVI)来编制植被盖度图,定量分析评价尉犁县的植被生境多年变化状况。

覃先林等(2003)利用 Terra-MODIS 数据,分别采用了归一化差值植被指数(NDVI)、环境植被指数(EVI)、土壤调节植被指数(SAVI)以及比值植被指数(RVI)对实验区典型树种的长势进行了比较研究,同时对实验区典型树种的植被指数的地域变化和时间变化进行了分析,为探讨我国可燃物的时空变化规律打下了基础。

吴炳方等(2004)提出农作物长势监测主要包括实时监测和过程监测。实时作物长势监测主要是通过两期 NDVI 图像的对比分析,即计算差值图像来实现的。利用每旬的最大 NDVI 合成图像与前一年同期的最大 NDVI 图像合成相减,并将差值图像在 −100～100 灰度级间均分为 5 个区间,形成反映作物长势的 5 个等级(差、稍差、持平、稍好、好)。同时,为了更好地反映作物的生长信息,通常将差值图像与耕地数据相叠加,仅保留耕作区域,以便更准确地反映作物的生长信息,更能突出地反映农作物的长势情况。另外,作物长势实时监测还考虑地区差异和物候期变化等因素,因此作物长势监测图还叠加表征作物生长节律先后的物候数据。最后,将耕地分为水田和旱地作物分别成图,以分别监测水田作物和旱地作物。

王建林等(2005)提出了农作物长势动态监测方法应用主要有三种:可以根据不同时期的遥感影像来分析作物在不同生育时期的变化状况。利用同一时期的遥感影像,区分同一地区不同作物的长势差异状况;与历史年份同期的遥感资料进行对比分析,判断作物与往年相比的长势情况,从而提出有效的农业管理措施。

总之,我国应用 NOAA 卫星资料监测作物长势的技术已经成熟(蒲吉存等,2004;李秀芬等,2005),而 MODIS 资料在作物的种植面积、长势、产量估算及气象灾害等方面的应用也有了一定的进展,尤其是在小麦、棉花、水稻以及牧草长势等方面的研究已经比较深入(张霞等,2005;吕建海等,2004;程乾等,2003;冯蜀青等,2004;张树誉等,2006)。

二、干旱监测的研究进展

近年来全球气候变暖的大背景下，极端天气的出现频率越来越高，程度也越来越深，干旱成为全球最为常见的自然灾害之一（Mccarthy，2001；Andreadis，2006；IPCC，2008；Mishra，2009；OFDA/CRED，2011；Dai，2011）。据估算每年因干旱造成的全球经济损失高达60亿～80亿美元，远远超过了其他气象灾害。我国自然灾害中70%为气象灾害，而干旱灾害又占气象灾害的50%左右。日益严重的全球化干旱问题已经成为各国科学家和政府部门共同关注的热点。

干旱的发生受到地域、气候、水量平衡等气候因素和水文条件的影响，并对环境、粮食生产和社会经济造成重大影响（Heim，2002）。近年来，在中国北方干旱、半干旱地区干旱加重的同时，南方和东部多雨区干旱也在扩展和加重，频繁发生的旱灾已成为非常突出的环境问题（刘晓云，2012）。华北是我国冬小麦主产区，干旱是其生育期间所发生的主要气象灾害，其发生频率高，持续时间长，波及范围大，对我国粮食安全有着严重的影响。因此，旱灾的实时和大面积监测及灾损评估对小麦生产的防灾减灾和宏观决策具有重大意义（Rojas 等，2011）。

传统的干旱监测是用稀疏散点上的土壤含水量数据来监测干旱的程度及范围，目前国内外对干旱的研究多采用这种方法，并在实践中得到广泛的应用（Jinyoung 等，2010；Caccamo 等，2011；Shahabfar 等，2012）。然而传统监测方法无法准确确定大范围旱情的时空变化特征，在农业气象服务中，也就无法实现旱灾的大面积精确监测及准确统计。而且由于调查时的灾情等级判断易受人为主观因素的影响，其标准的掌握难以统一，数据准确性不足，因而影响了灾情数据的空间可比性。现代信息技术的发展为其提供了强有力的手段。

国外利用遥感进行干旱监测始于20世纪70年代初。早在1965年，Bowers 等（1965）就发现裸地土壤湿度的增加会引起土壤反射率的降低；1971年 Watson 等（1971）首次提出了一个用地表温度日较差推算热惯量的简单模式，这为后来多途径探讨和研究遥感监测干旱奠定了基础；Price（1977，1985）、Kable（1977）等根据地表热量平衡方程和热传导方程，对土壤热惯量模式进行了改进，提出了表观热惯量法（Apparent Thermal Inertia，ATI）；England（1992）等继表观热惯量概念后提出了辐射亮度热惯量（Radio Brightness Thermal Inertia，RTI）概念，并研究认为 RTI 对土壤含水量的敏感性要好于表观热惯量 ATI。进入20世纪70年代后，遥感监测干旱的研究工作得到了全面而迅速的发展，其手段多种多样，监测波段有可见光，近、中、远红外和微波。用可见光和近红外波段可以获得植被指数，从植被指数可以反演出土地表面的绿度及植物的生长状况，NDVI 是应用最广的植被指数。

自 Rouse 等(1974)首次利用近红外通道和红外通道的反射率构建 NDVI 来进行植被的监测以后,许多学者利用 AVHRR 数据获取植被指数,并利用 NDVI 有效地实现了对陆上旱地植被的光合能力监测,对旱地的监测进行了一定的研究(Tucker 等,1987;Walsh,1987;Peters 等,1991)。在此基础之上,更多的植被指数,如 VCI(Kogan,1995)、TCI(Unganai and Kogan,1998)、VHI(Kogan,2001)等相继被发现,并在干旱的研究中得到了广泛的应用。2004 年,Hayes 等(2004)对罗莱纳州南部的连年干旱进行了经济损失的估算,结果较为准确。这种利用植被指数估算干旱损失的方法也同样适用于干旱半干旱的地区(Weaver,2005)。之后,Gu 等(2007)发现利用 NDWI 对研究区旱情的监测比 NDVI 响应灵敏,Wang(2007)构建的 NMDI 能够对旱地土壤和高覆盖植被进行有效的旱情监测。目前,国外许多学者利用植被指数对于干旱的研究已经进行了较为深入的研究,并取得了一定的研究成果(Jinyoung 等,2010;Pille 2010;Steven 等,2010;Rojas 等,2011),目前在美国较为广泛应用,并得到验证有效的干旱指数是 PDSI(Heim,2002)和 SPI(Rouault,2003;Caccamo 等,2011)。

近几年来,在干旱预测模型建立方面,Leilah(2005)等通过研究籽粒产量与干旱参数的关系,建立了回归模型,对农业的干旱进行了预测。Mishra 和 Desai(2005a,2007)进行了干旱发生的概率研究,建立了基于 SPI 的干旱随机预测模型。Chung(2000)和 Kim(2003)对旱灾的再次发生时间进行了预测,而 Cancelliere(2004,2010)等对此进行了验证和进一步的完善。Mishra(2010)基于历史的气候变异和变化情况对美国的中西部旱灾的发生进行了估测。Farokhnia(2010)等以海平面温度(HLT)和海平面压力(HLP)作为混合模型(ANFIS)的输入参数,对伊朗旱灾的出现可能性进行了时间上的预测。Dhanya 等(2009)也用该方法对印度的五个异质性较大的地区进行了旱情发生的预测,取得了较好的预测结果,Vasiliades(2010)的研究也证明了该方法的可行性。

干旱的发生强度、严重度、持续时间和间隔时间是表征旱灾的特征值。Cebrian等(2006)对旱灾的发生严重度进行了描述和计算,Mishra 等(2010)利用 RUNS 理论对其进行了验证,并对其他旱情特征指标(强度、持续时间和间隔时间)进行了推算,得到了较好的结果。

当前,众多学者基本上是建立在如土壤含水量(Helen 等,2006;Shahabfar 等,2009)、地表温度(Son 等,2012)、植被冠层温度(Wand 等,2003)等气象和环境因子的基础上,利用遥感卫星数据所获取的植被指数或干旱指数来对特定区域或大区域内的旱情进行研究。事实上,旱灾的发生不仅受到以上因子变化的影响,还受到区域内的降雨量、蒸发量、大气热量、环境温度、地表径水、地下水、用水量等气象、环境、社会、水文条件等的综合影响(Ashok,2011)。在综合前人的研究基础上发现,不同的研究区域因其特定时空异质性和变化性,旱灾的发生受到地理位置的一定影响,不同区域的旱情有其自身的特点,因此,在旱情的监测和研究中,应发展能够表征和适合本区域的研究方法和旱情指标(Morid,2006)。

由于我国独特的地理位置和气候条件,干旱也是我国主要自然灾害之一,几年来,由于气温上升、水资源紧缺、气候急剧变化等诸多因素影响,我国的旱灾高发,严重程度越来越深,持续时间和范围也越来越大(张春林,2008;王新华,2010),对我国的粮食安全和社会经济造成了严重的影响。近年来,国内许多学者利用单项干旱指标对干旱的发生、旱情的监测进行了一系列的研究,取得了一定的研究成果(卫捷,2003;张强,2006),李树岩等(2009)引用 CI 指数对全国及江苏省、河南省、辽宁省和安徽省等局部地区的干旱特征进行了相关研究。邹旭凯(2010)、张婧(2012)、刘英(2012)等以双抛物线形 NDVI-ST 特征空间得到的 TVDI 作为旱情遥感监测指标,评估了 2011 年河南省冬小麦旱情,并与当地气象站降雨数据对比,揭示了 2011 年春天河南省旱情发展的总体时空特点。钱永兰等(2012)利用1 km SPOT-VGT 遥感资料探讨作物长势监测和产量趋势估计的方法,然后结合当地气象条件对其结果进行了检验分析。李星敏等(2004)研究表明,年际间植被指数的差异可以明显地反映作物受旱程度的差异,此方法可以用来定性地分析年际间的干旱程度和受旱范围。

综合国内外的研究发现,对于农作物干旱灾害的研究基本上集中在利用遥感卫星进行旱情的监测上,而对于冬小麦不同生育时期干旱的高光谱监测机理和干旱特征值(旱灾发生程度、严重度、持续时间及间隔发生时间)的角度进行干旱的研究较少。而揭示生育期内干旱冬小麦高光谱监测机理对于灾害的预警、旱情的监测、灾后补救、灾后作物长势监测及作物产量品质的预测有着重要的意义,在粮食安全问题突出和华北地区旱灾频发、高发的严峻形势下,本研究有着重要的理论和实践意义。

三、冻害监测的研究进展

在全球气候变暖的背景下,极端天气气候事件出现的频率和强度增大,所造成的灾害损失也在不断增加。农作物在生长发育过程中,当温度下降到适宜温度的下限时,作物就延迟或停止生长,这就是所谓的低温灾害(李茂松等,2005)。低温灾害可分为零上低温冷害和零下低温冻害,其中冷害是指在作物生长期间出现一个或多个 0℃以上的低温天气过程,影响作物生长发育和产量形成,导致不同程度减产或品质下降(赵俊芳等,2009)。冻害是指越冬作物在越冬期间或冻融交替的早春或深秋,遭遇 0℃以下甚至 −20℃ 的低温或者长期处于 0℃以下,作物因体内水分结冰或者丧失生理活力，从而造成植株死亡或部分死亡（檀艳静等，2013）。

冷冻害对作物的生长发育造成严重的影响，最终影响作物的产量，从而使粮食安全问题显得更为突出。因此，对冷冻害的监测及灾后的作物田间管理提出了更高的要求。

冷冻害是作物常见的灾害之一，农业部门及各地方政府等相关部门都对农作物灾害的实时监测极为关注。但长期以来，作物的受灾状况基本是通过当地定点观测的地面最低温度，结合作物的发育期，推算当地冻害的程度，再通过大田随机调查估计冻害面积。这种传统监测方法无法准确确定大范围最低温度的时空变化特征，在农业气象服务中，也就无法实现冻害的大面积精确监测及准确统计（张雪芬等，2006）。而且由于调查时的灾情等级判断易受人为主观因素的影响，其标准的掌握难以统一，数据准确性不足，因而影响了灾情数据的空间可比性。现代信息技术的发展为其提供了强有力的手段。

遥感技术可以迅速地监测灾害的发生与范围，可以为农业部门决策者和田间管理人员提供及时的农情信息，便于采取各种“促、调、控”措施，以达到减轻灾害、增收增效的目的，对农业生产具有重要的经济意义（Jeyasseelan，2003）。遥感技术被广泛应用于作物识别（Yafit 等，2002）、长势监测（武建军等，2002；冯美臣等，2009）和产量估测（Daughtry 等，1992；Serrano 等，2000）等方面。同时，在灾害监测方面、也取得了很大的发展（Kaufman 等，1998；裴志远等，1999；Brown 等，2002；Majumdar 等，2002；Pantaleoni 等，2007；Jin 等，2003；覃志豪等，2005；刘兴元等，2006；Pu 等 2007；赵文化等，2008），然而在冷冻害监测上却研究较少。因而积极开展作物冷冻害遥感监测具有重要的现实意义，可为作物冷冻害监测及灾损评估提供新的途径和方法。

（一）作物冷冻害遥感监测研究

国内外关于作物冷冻害的遥感监测研究主要包括大尺度遥感监测和地面光谱监测两个方面，其取得的研究进展主要有：

1. 基于大尺度遥感的作物冻害监测研究

冷冻害的发生具有突然性、区域性和不可预见性的特点，利用传统的方法很难研究冷冻害发生前后差异、发生范围大小、灾害影响程度等方面的评估，大尺度遥感技术因其快速、大面积、无损伤的特点，可以实现对其灾害评估的基本要求，达到冷冻害实时监测和灾损评估的目的，最终为作物的安全生产提供便利的技术手段。

大尺度遥感监测作物冻害多使用气象卫星数据，其中 NOAA 数据由于具有宏观、快速和廉价等特点，在实际应用中使用最多。汤志成等（1989）利用 NOAA 卫星资料对江苏省冬作物冻害进行了分析，探索利用气象卫星资料进行作物宏观受害程度的方法。吉书琴等(1998)采用卫星遥感的热红外信息监测辽宁低温冷害的分布和低温的强度、路径，初步的应用取得了较好的结果。杨邦杰等(2002)利用逐日最低气温、最低地面温度资料及此期间气象卫星 NOAA-AVHRR 的所有晴空数据，根据植被指数 NDVI 突变的特征，并考虑到作物的生育期，提出了实用的遥感监测冻害发生与范围的方法。王连喜等(2003)采取地基和空基相结合的方法，来实现水稻低温冷害的监测。

近年来，随着冷冻害发生频率的增加，小区域冷冻害现象明显增加，气象卫星数据由于在空间分辨率上的局限，已不能满足实际的需求。而随着遥感技术的发展，各种更高时间、空间分辨率遥感影像数据的逐渐应用，为利用遥感技术对作物霜冻害发生情况和产量损失监测具有较强的现实意义(李章成等，2008)。部分学者利用更高空间分辨率的遥感数据对冻害监测进行了研究，取得了一定的成果。何英彬等(2007)利用 MODIS 数据计算 NDVI，反演水稻全生育期逐日 LAI，并结合 SIMRIW 模型估测水稻单产，进而可以此来评价冷害对水稻单产的影响。Rudorff等(2012)利用 MODIS 和 STRM 数据对巴西甘蔗冻害进行了监测，表明遥感数据可以对甘蔗冻害程度进行有效的监测和评价。我国自行研制的环境减灾卫星在空间分辨率和时间分辨率上有了更大的提高，被广泛用于灾害监测。Wang 等(2013)利用灰色系统模型(GSM)并结合环境减灾卫星等数据和 GIS 对河北省藁城和锦城冬小麦冻害进行了系统研究，表明通过 GSM、遥感影像和 GIS 分析相结合，能够客观、准确地进行冬小麦冻害的定量评价和研究，使评价模型更加科学。

2.基于地面光谱的作物冻害监测研究

上述研究为冻害在宏观遥感监测研究方面奠定了坚实的技术基础，但由于这些研究所使用的遥感影像分辨率较低，监测效果很难满足目前的需求。高光谱遥感成为地物监测的一个重要发展方向。大量的研究表明，通过高光谱遥感监测作物胁迫及长势是可行的(Thenkabail 等，2000；Glenn 等，2004；Malthus 等，1993；Adams 等，1999；吴曙雯等，2002；黄木易等，2004；王秀珍等，1996；黄文江等，2003)。李章成等(2008)通过霜箱模拟冻害，研究了冬小麦拔节期冻害后高光谱特征，可以通过作物光谱变化情况来识别冻害，同时也可以进行冻害分级，表明利用 NDVI 差异可以进行冻害的识别，同时其差异分级可划分冻害程度。Wu 等(2012)通过对冬小麦苗期的低温冻害胁迫试验，表明利用高光谱成像监测冬小麦苗期冻害是可行的，并能准确地反映小麦幼苗冻伤部位。Wang 等(2012)通过对越冬休眠期冬小麦进行高光谱特征提取与敏感性分析，发现 550 nm 处反射率降低，“绿峰”、“红谷”特征不明显，在 1450 nm、1950 nm 处的水分吸收谷差异明显。

一阶微分特征随冻害的严重性体现在680～800 nm处的“红边”位置差异显著。

(二)作物冷冻害遥感监测的技术方法

1.地面温度监测

利用遥感技术监测冻害，主要监测温度，尤其是最低气温，通常要求监测温度的精度小于1℃。这是因为作物发生冻害与否，直接与温度的高低有关，1℃的气温差别往往会带来两种不同的危害结果。

国内外学者对此进行了大量的研究。王连喜等(2003)采取地基和空基相结合的方法，从引起作物冻害最主要的气象因子——地面最低温度入手，利用空基资料——分辨率为1.1 km的极轨气象卫星遥感资料反演地面温度，来实现水稻低温冷害的监测。张晓煜等(2001)利用NOAA卫星资料和高程资料分别反演了宁夏市的平均气温、最高气温、最低气温和最低地温，初步确定了小麦、玉米等主要作物的霜冻指标。张雪芬等(2006)使用气象卫星遥感资料反演地面温度，结合地基资料，得到遥感的地面栅格最低温度，通过对比几种方法的误差，确定在研究区域应用的遥感反演地面最低温度的分裂窗算法。利用反演并经过变分订正的地面最低温度、冻害指标及小麦发育期资料，制作出冬小麦冻害发生的空间分布，并统计出不同冻害等级的面积，从而实现了冬小麦冻害的遥感监测与不同冻害面积的精确计算。Lou等(2013)应用NOAA-AVHRR数据，采用分裂窗算法反演地面最低温度，对茶园冻害进行了监测，并对冻害造成的经济损失进行了评价。Kerdiles等(1996)建立NOAA-AVHRR亮温数据与气象站点最低气温资料的线性回归关系，开展阿根廷冬小麦霜冻害空间制图研究。

上述研究虽然取得了一定的研究成果，但研究所用遥感影像资料分辨率较低，MODIS数据具有较高的空间、时间分辨率，在作物监测方面具有一定的优势。王春林等(2007)以广东汕尾山区为例，采用先进星载热辐射和反射辐射计(ASTER)数据及中分辨率成像光谱仪MODIS数据，利用不同空间分辨率和时间分辨率(周期)LST数据相结合进行寒害监测，建立了结合地形因子预测寒害温度分布的遥感地表温度修正模型，进而利用寒害评价指标预测主要经济作物寒害分布及灾情损失。Peter(2011)利用NOAA和MODIS数据，通过监测积雪覆盖和地面温度，对乌克兰冬季作物低温冻害进行了研究。

另外，冻害的发生往往与低温的持续时间有关(Robert等，2006)，而遥感仅监测瞬时数据，因此很难反映出低温的持续时间。盛绍学等(1998)认为低温冷害由强冷空气活动所致，一般持续时间较短，危害难以防范和补救，使用遥感监测尚存在较多困难。

2.植被指数差异分析

作物遭受冷冻害后，作物植株保持过冷却状态，体内叶绿素活性会减弱，对近红外光和红光的敏感度下降，导致植被指数发生变化。因此，植被指数差异分析主要是通过对比受灾前后植被指数的差值来判断受灾情况，植被的生物学意义较为明显(2012)。杨邦杰等(2002)利用NOAA-NDVI的突变特征，结合地面气象数据，同时考虑到作物所处的生育时期，提出了实用的遥感冻害监测方法。李章成等(2008)通过霜箱模拟冻害，利用NDVI差异进行冬小麦冻害的识别，同时其差异分级可划分冻害程度。Feng等(2009)研究了冬小麦冻害发生时及发生前后MODIS-NDVI的变化情况，提出了利用生长恢复度来监测冬小麦冻害严重程度的方法，认为生长恢复度与产量存在线性关系。林海荣等(2009)利用ETM植被指数和冠层温度的差异进行了棉花冷害监测，并利用植被指数的差异和冠层温度的差异进行了冻害程度的分级。根据植被指数绝对差值，把棉花种植区域划分为重冻害区(降低≥0.2)、轻度冻害区(降低0～0.2)、未受影响区。丁美花等(2009)利用MODIS数据并采用植被指数差值法(CVI)对广西地区甘蔗冻害进行监测，比较冻害前、后及无明显冻害年份同期的甘蔗NDVI值之间的差异，来反映区域性甘蔗受害的空间分布以及受害程度。董燕生等(2012)用多时相环境减灾卫星数据对河北省中南部冬小麦进行了冻害监测，以冻害指数作为冬小麦冻害程度的评估指标，研究表明受灾前后冬小麦HJ-EVI的变化与冻害程度呈显著线性相关，能对冬小麦冻害影响范围和受灾程度进行有效评估。胡列群等(2011)利用ETM+影像对棉花低温冷害进行了遥感监测，NDVI值在低温冷害前后有明显的差异，冷害前NDVI值均大于冷害后，表明冷害对棉花造成了很大的影响。匡昭敏等(2009)应用MODIS-NDVI的变化差异对甘蔗寒害的空间分布及灾害面积的监测评估，灾害面积测算误差小于5%，能较好地满足业务需求。Tan等(2009)利用RS和GPS数据对广西省甘蔗冻害进行了监测和灾损评估，表明利用冻害发生前后的MODIS-NDVI数据可以反映冻害发生的程度和空间分布。

3.生理生态指标差异分析

冬小麦遭受低温胁迫后，最明显的特征是叶片失水失绿，严重时叶尖、叶片往往发生干枯甚至脱落，这就使得叶片含水量、叶绿素含量等农学参数成为诊断小麦冷冻害的重要指标。

Wang等(2012)初步研究了低温胁迫或逆境下叶片含水量的变化情况及冻害光谱响应机理，以777 nm处一阶微分值、SDr/SDb、(SDr－SDb)/(SDr＋SDb)为变量所建叶片含水量监测模型具有较高的精度。李章成等(2008)分别对冬小麦拔节期和棉花苗期冻害胁迫下叶片叶绿素含量与高光谱的响应特征进行了分析，冬小麦叶片叶绿素含量减少，形成高光谱差异，红边位置与冻害程度有着显著的负相关，明显表现出受环境胁迫后蓝移现象；棉花叶片叶绿素利用638、682、720和768 nm波段的log(1/ρ)值来反演是最佳的。

随着全球极端天气气候变化的加剧，各种灾害事件频发。对于农业来说，面临的灾害主要是旱害和冷冻害（张倩等，2010），其造成的危害也是极为严重的，也是粮食安全面临的最大挑战。因此，及时、准确、大面积地获取受灾作物的面积和受灾程度显得尤为重要。信息技术的迅猛发展，尤其是遥感技术在农业上的广泛应用为解决这些问题提供了有力的手段。相对于干旱监测，冷冻害的遥感监测研究尚处于起步阶段，还没有形成完整的监测体系。而随着遥感技术的进一步发展，高空间分辨率、高时间分辨率和高光谱分辨率遥感数据的应用将会越来越深入，这将为作物冷冻害的精准监测提供更为有效的数据保障。而随着冷冻害监测机理的进一步深入，在结合地面作物采样数据以及影响作物冷冻害的多种因子的基础上，有望建立基于空基和地基相结合的冷冻害预测预报模型，建成稳定性、普适性和适应性更强的预测预报体系，这将为我国农作物冷冻害的监测和灾损评估以及救灾工作起到极为重要的作用。

第三节　农作物遥感估产研究进展

一、国外农作物遥感估产

美国的农作物估产始于20世纪60年代，从统计学的方法入手，建立了小麦、玉米、大豆的产量和天气之间的关系模式。1974—1977年美国农业部（USDA）、国家海洋大气管理局（NOAA）、宇航局（NASA）和商业部合作主持了“大面积农作物估产试验”，即LACIE计划（Large Area Crop Inventory and Experiment）（刘海启，1997；Chhikara等，1986；Mac Donald等，1980；NASA USDA，1978）。该计划对美国本土、加拿大、苏联以及世界其他地区小麦种植面积、总产量进行估算，估产精度达到90%以上。

从1986年开始，美国农业部、宇航局、商业部、国家海洋大气管理局和内政部又开展了农业和资源的空间遥感调查计划（AGRISTARS，1980—1986）（刘海启，1997；Chhikara等，1986；Mac Donald等，1980；NASA USDA，1978）。它对作物状况评价、国外8种农产品产量预报、作物单产模型发展、本国作物面积估算等进行了研究。此计划成功地将面积抽样框架技术（Area Sampling Frame）和遥感技术引入农作物种植面积估测中。随后将这种成熟的技术方法分别由不同的部门应用到农作物估产实践当中，如美国农业统计局（NASS/USDA）负责将遥感技术应用于美国国内的主要农作物估产；农业部外国农业局（FAS/USDA，Foreign Agricultural Service）负责美国以外国家的农作物估产（周清波，2004）。

此外，世界其他国家和组织，也先后对小麦等作物进行了遥感估产研究，如世界粮农组织（FAO）、俄罗斯、加拿大、英国、巴西以及亚洲的日本、印度、泰国等，均取得了可喜的进展（承继成，2004）。

国外在农业资源调查与动态监测、区划制图，大面积农作物估产，预测预报水、旱、病虫灾害，改进灌溉效益等遥感应用方面，每年都获利数亿美元。世界农业部门已成为美国陆地卫星遥感数据的最大用户之一。世界各国的资源卫星都是以农、林、牧的最佳波段为主体选择设计的传感器。其中气象预测农作物产量的方法始于 20 世纪初。到目前为止，农作物估产方法的发展过程大致可划分为以下 5 个阶段：

（1）早期的对比相似定性研究阶段（20 世纪 40 年代）。该阶段的研究方法主要是将农作物的产量与气象因子（温度、降水等）进行对比分析，根据相似性程度定性预测农作物收成的好坏。此方法仅停留于定性分析，未定量研究农作物产量和气象因子之间的关系。

（2）统计模拟研究阶段（20 世纪 50 年代）。该时期统计学有了很大的发展和应用。该方法采用农作物产量资料和农业气象观测资料，利用统计学方法，建立了作物产量—气象因子之间的各种一元到多元，线性到非线性的复杂回归模型。

（3）动力生长模拟研究阶段（20 世纪 60 年代）。利用基本观测资料（包括物候学和生物学观测资料等）以及相应时期的气象资料，用数学函数（方程）模拟作物的光合、呼吸、蒸腾等各种基础生理过程；再按物质和能量的守恒原理，模拟光合产物的分配、传输和转移进而对干物质（包括产量）的形成和累积过程在计算机上进行数值模拟实验；确定参数，构建生长模拟模式。70 年代以后，农作物产量气象预报取得了明显的发展，不仅将土地、地形等因素引入了多元回归模式中，还提出了比较完整的作物群体成长模拟模式。

（4）遥感动态监测研究阶段（20 世纪 70 年代）。遥感方法用于农作物估产是利用遥感技术的宏观性和时空分辨率高的特点，主要体现在以下 3 方面：采用人工识别、计算机自动识别和人机交互识别 3 种判读方式从卫星影像上实时提取农作物播种面积；利用遥感技术时间分辨率高的特点，对农作物生长期间进行长势动态监测，定期发布农作物的长势信息，估测农作物产量的增减；利用农作物生长期间多时相的卫星影像获取农作物的绿被指数，再建立农作物产量和绿度植被指数之间的数学关系。70 年代以来，美国开始用卫星遥感技术进行全球性的农作物估产活动，实施的一系列大型的估产计划把估产技术提高到了一个新的阶段，而且从实验阶段走向了业务应用运行阶段。

(5)遥感与地理信息系统相结合阶段(近十几年)。在遥感技术用于农作物估产的基本理论和方法取得重要进展的基础上，为了使其快速经济地实现对农作物的长势监测，种植面积获取和单产的估算，选用比较经济的、时间分辨率高的气象卫星资料作为估算的信息源，同时为了弥补其空间分辨率不足的缺点，采用了完善的地理信息作为其辅助手段，在必要情况下，再使用少量的 TM 资料作为抽样进行检验，以便提高估产的精度。

二、国内农作物遥感估产

我国的遥感估产开始于 20 世纪 70 年代末，由陈述彭(1990)于 1979 年最先提出。应用遥感技术进行冬小麦估产始于 1981 年。1983 年北京市农林科学院综合所、天津市农科所、河北省气象科学院及国家气象局等三省市多家单位提出了京津冀冬小麦综合估产的技术与方法，于 1984 年 7 月正式实施，并且在国家气象局建立了北方 11 省市冬小麦气象遥感估产运行系统，开展冬小麦的产量估测(李郁竹，1993；肖乾广等，1986；肖乾广，1989；熊利亚，1996)。建成了“中国北方冬小麦气象卫星动态监测与估产系统”(全国冬小麦遥感综合测产协作组，1993)，并于 1990 年投入业务运行。系统可根据气象卫星遥感，为实时监测冬小麦生长状况及时提供情报服务，并提前 1～3 个月做出产量趋势预测和预报。1986—1995 年连续 9 年预测精度达 95%。

从 1998 年开始，农业部遥感应用中心组织各有关农业遥感技术单位，实施了一项“全国农作物业务遥感估产”项目(周清波，2004)，旨在对我国冬小麦种植面积变化、长势状况、旱情、单产和总产进行监测和评价。在冬小麦种植面积变化量的遥感调查方面，主要是利用美国陆地卫星 TM/ETM 图像和中巴资源一号卫星图像，在完成遥感样区的调查后，通过空间外推模型得到全国的年际变化量；在冬小麦长势和旱情的遥感监测方面，主要是利用气象卫星的 NDVI 数据，每隔 10～15 天监测一次长势变化和旱情状况；在冬小麦单产评估方面，主要是利用长势和旱情遥感监测结果、农学模型和气象模型估测结果，以及地面样方实地调查结果综合评定后得出；当面积变化量(率)和单产变化量(率)得到后，可以计算得到总产量的年际变化量。现已完成了 1999—2002 年连续 4 年的遥感监测运行工作(薛亮，2002)。

另外，农业部及所属单位开展了全国 300 个县的农业资源动态监测及 3 省两市小麦估产工作。

三、单产模型构建

建立遥感估产模型是小麦估产中最重要的一环。小麦遥感估产是建立小麦光谱与产量之间联系的一种技术，是通过光谱来获取小麦生长信息。通常采用NOAA/AVHRR卫星资料来计算小麦的植被指数，根据光谱－植被指数－产量之间的关系建立估产模型。

美国的估产研究始于小麦，在小麦遥感估产方面做出了显著的成绩，由美国国家海洋和大气管理局（NOAA）气候环境评价中心（CCEA）研究的第一代小麦产量模型为：

$$\hat{y}=c+\hat{f}+g(wx)$$

式中：c 为常量；$\hat{f}$ 为包括杂交品种、施肥比例、除草剂、杀虫剂及其他栽培管理与影响产量的变量；$g(wx)$为包含每月的温度和降水量数据为基础的水分应力与热应力及对产量有影响的变量。

第二代产量模型使用卫星遥感数据来估测小麦产量，由于光谱数据和植物的密度、叶面积指数（LAI）密切相关，而植物的密度和叶面积指数又直接决定作物的产量，因此建立光谱数据与产量之间的模型是完全可行的（郭德友等，1986）。

Ashcroft 等（1990）研究了冬小麦产量与光谱反射率之间的关系。结果表明冬小麦产量与 NDVI 的关系最为密切。

中国卫星气象中心肖乾广等（1986）应用 NOAA 气象卫星对冬小麦进行估产试验建立了单产—绿度估产模式，其表达式为：

$$\hat{Y}=a_0+\sum a_iA_i, A_i=CH_2/CH_1\text{（取以县为单位的平均绿度）}$$

朱晓红等（1989）用可控样地研究建立了小麦产量构成三要素亩穗数、穗粒数和千粒重以及单产与垂直植被指数 PVI 的统计模式：

亩穗数 S 与返青到抽穗的 PVI 累计值（$\sum$ PVI）$_1$的关系为：

$$S=2.66e^{0.005(\sum \mathrm{PVI})_1}$$

穗粒数 L 与抽穗至扬花期的 PVI 累计值（$\sum$ PVI）$_2$的关系为：

$$L=4.724e^{0.2583(\sum \mathrm{PVI})_2}$$

千粒重 T 与扬花至叶面积系数转折性下降间的累计值（$\sum$ PVI）$_3$的关系为：

$$T=29.246+1.292(\sum \mathrm{PVI})_3/S$$

单产模型为：

$$W = 243.446 + 0.124e^{0.09/(\sum PVI)_2} / e^{0.005(\sum PVI)_1} [(\sum PVI)_3 + 29.246e^{0.005(\sum PVI)_1}]$$

国内很多学者运用遥感数据中的绿度指数(NDVI)与作物叶面积指数建立联系，构建估产模型。但是，这种关系不是在小麦全生育期内都存在。基于这种考虑，王乃斌等(1993)通过各地冬小麦生长发育特征分析，从形成产量的三要素(亩穗数、穗粒数、千粒重)观点出发，采用分段相关建立了冬小麦估产模型。模型如下：

$$Y = a\sum G \cdot b \cdot T_0/T_i \cdot (D_0 - D_i)[Q/(\Delta G/\Delta T) + C] + \omega$$

式中，Y 为估算的单位面积产量；G 为返青至抽穗期的绿度累加以 $\sum G$ 表示；T_0为拔节后期至灌浆始期小麦品种需要的积温或多年平均地温累加，℃；T_i为当年拔节后期至灌浆始期积温或当年地温累加，℃；D_0为小麦灌浆起始日期，天；D_i为拔节后期日期，天；Q 为小麦品种标准千粒重，g；ΔG 为灌浆始期至灌浆终止的绿度差；ΔT 为灌浆始期至灌浆终止日期差；a，b，c 为试验常数；ω 为自由项(专家意见)，可以根据实验情况来调整。

第四节　农作物品质监测研究进展

小麦在我国的粮食生产中具有举足轻重的地位，常年种植面积2 885.5 万 hm^2 左右，约占粮食播种面积的 25%。为适应加入 WTO 的需要，我国小麦生产已由单纯追求高产模式向优质、专用和高效的方向转变，并初见成效。但由于品质问题，我国小麦在国际市场上仍无竞争优势。因此，如何提高我国小麦品质是摆在广大农业科技工作者面前的一项重要工作。小麦品质的提高，除产前选用优良品种之外，产中的肥水管理调控措施、产后的分级收购以及分类加工技术等，对优质专用小麦的生产都有重要影响。

作物氮素是对作物生长发育、产量和品质形成影响最为显著的营养元素。小麦植株体内氮素的吸收、同化、转运和利用直接影响小麦籽粒产量和蛋白质含量，而籽粒蛋白质含量直接决定着籽粒品质。因而氮素营养是研究小麦产量和品质形成生理过程的重要内容。前人从不同的角度对小麦氮素运转规律及利用效率做了深入研究(Cox 等，1986；杜金哲等，2001)，总结出不少对生产具有指导意义的结论，对小麦产量和品质的提高起到了重要作用。

随着国内外定量遥感理论与技术迅速发展，在小麦长势监测、产量估测、病虫害预报等方面积累了大量资料，有关小麦品质研究的非遥感信息资料为遥感监测品质奠定了基础，为利用遥感技术对田间大面积小麦氮素营养状况进行监测分类，实现快速、简便、无破坏地监测小麦生长发育和调优栽培管理提供理论依据，同时为加工企业收获前大面积、快速、低成本品质监测、预测提供参考。

一、国外研究进展

现有的遥感技术可以较为准确地监测作物生长动态，对于生物量、叶面积指数LAI等的监测技术已趋于成熟。Blackmer等(1996)通过光谱分析技术监测植株氮素水平。动态的研究亦有较多报道，如对氮素敏感波段及其反射率在不同氮素水平下的表现、通过统计学方法提取植株含氮量与光谱反射率或其衍生量的关系以及估算模型的建立等，并用于指导甜菜品质监测和小麦调优栽培。美国Humburg等(1999)利用3～4个波段组合(500 nm，550 nm和830 nm)建立了甜菜的品质监测模型，能够预测糖、钠及铵态氮含量；小西教夫等(2000)利用卫星影像数据监测稻谷氮素、直链淀粉、支链淀粉等品质指标取得重要进展，其中日本北海道中央农业试验场以蛋白质含量为主要监测指标，利用卫星遥感成图技术指导区域施肥，有效地提高了稻谷品质，经济效益显著。中村宪知等(2001)利用TM卫星影像数据反演茶叶的氮素/纤维素指标，进而大面积监测茶叶品质。Hansen等(2002)利用冠层光谱反射率和偏最小二乘法预测小麦籽粒蛋白质含量。Tian等(2001)报道抽穗后冠层植被指数R_{1500}/R_{610}和R_{1220}/R_{560}与小麦籽粒蛋白质和淀粉积累量呈极显著的指数关系。Delgado等(2001)运用遥感技术手段监测地上植被的氮素状况，从而监测和调控作物产品品质。这些为利用遥感技术监测小麦品质和调优栽培提供了依据。

二、国内研究进展

国内经过近10多年的研究，在利用地面光谱和空间光谱监测作物品质方面，取得了一系列的成果。黄文江等(2003)研究表明运用开花期的光谱结构不敏感植被指数来反演叶片的类胡萝卜素与叶绿素a的比值进而反演叶片全氮和籽粒品质指标是切实可行的。王之杰(2006)通过研究冬小麦冠层氮素时空变化特点及其与籽粒品质的关系，以地面光谱分析技术为支撑，探讨了冬小麦冠层氮素状况诊断和籽粒品质预测的可行性。赵春江等(2002)研究了不同品种、肥水条件下冬小麦光谱红边参数的变化规律以及与植株生化组分的关系，得出可以运用红边振幅和近红外平台振幅来反演叶片全氮含量。黄文江等(2004)研究了小麦冠层各波段光谱反射率与叶片含氮量间的相关关系，得出在可见光波段呈负相关，在近红外波段正相关，在短波红外波段负相关，其中 820～1140 nm 和 1141～1300 nm 两波段的相关性达极显著水平，并在此基础上建立了小麦叶片含氮量与光谱反射率间的关系方程。周启发等(1993)研究了水稻氮素营养水平与光谱特性的关系。刘良云等(2003)利用 Landasat TM7 和 Landsat TM5 遥感数据进行冬小麦品质监测。赵春江等(2005)利用 Landsat TM7 和 Landsat TM5 遥感数据进行冬小麦籽粒蛋白质的监测也收到了较好的效果。李映雪等(2003)研究了不同施氮水平下小麦籽粒蛋白质含量及相关品质性状与冠层反射光谱、植株氮素状况之间的定量关系。提出了小麦籽粒蛋白质含量及相关品质指标的两种监测技术途径：基于灌浆期反射光谱的直接预测和基于花后 14 天（灌浆中期）叶片含氮量的间接估测。孙雪梅等(2005)利用高光谱参数 GNDVI 和 SRo 参与构建的相关模型可以较为准确地预测收获期籽粒蛋白含量，预测值与实测值之间具有较好的相关性。卢艳丽等(2006)对近地面高光谱仪监测小麦的不同测定方法进行了探讨，并比较了各方法对籽粒蛋白质含量的预测能力。表明穗全氮含量与穗层光谱反射率的相关系数普遍高于与冠层光谱反射率的相关系数。通过模型的链接建立了蛋白质含量的光谱预测模型。肖春华等(2007)分析了不同叶层光谱特征参量与冠层氮素分布、籽粒蛋白质含量的定量关系，建立籽粒蛋白质含量预测的分层光谱模型。冯伟等(2008)采用连续 3 年的试验数据，根据特征光谱参数—叶片氮素营养—籽粒蛋白质产量这一技术路径，以叶片氮素营养为连接点将模型链接，建立基于开花期高光谱参数的小麦籽粒蛋白质产量预报模型。表明利用开花期关键特征光谱指数可以有效地评价小麦成熟期籽粒蛋白质产量状况。

第五节　3S 技术体系

3S 技术指的是地理信息系统（Geographical Information System，GIS）全球定位系统（Global Positioning System，GPS）和遥感（Remote Sensing，RS）。它在农业中的应用被认为是 21 世纪农业技术革命重点内容之一。

一、地理信息系统

GIS 是一个关于空间信息输入、贮存、管理、分析应用与结果输出的计算机决策支持软件系统。简言之，GIS 就是管理分析和地理位置有关的一切空间信息和属性数据的综合系统。除了具有建立数据库的基本功能外，GIS 的主要特征在于其具有强大的空间分析和辅助决策功能，并提供面向用户、易于学习和掌握的友好用户界面。在农业资源系统信息化管理和农作物估产中 GIS 是一个核心技术，它一方面是连接遥感与全球定位系统的纽带，另一方面能够贮存、管理、集成处理各种来源与类型（地图、遥感图像、统计数据、文字等形式）的农业数据。例如，气候、土壤、自然灾害、面积、粮食单产、总产、商品量、资金、人口等，以供有关检索、分析之用；更为重要的是它在遥感、全球定位系统及专家系统的支持与配合下，可辅助用户进行各种管理决策，如区域草地系统开发模式，畜产品进出口计算与价格制定，农作物长势动态监测等等，并提供符合当今信息时代要求的信息产品（李树楷，1992；刘湘南等，1997）。

二、遥感系统

遥感是一种远离目标，通过非直接接触而测量、判定和分析目标性质的技术。主要是指从远距离高空及外层空间的各种平台上，利用可见光、红外、微波等电磁波测控仪器，通过摄影或扫描信息感应、传输和处理，从而研究地面物体的形状、大小、位置及其与环境的相互关系与变化的现代科学技术。

现代遥感技术的多波段性和多时相性，十分有利于以绿色植物为主体的再生资源的研究，在许多类型卫星的传感器的波段设计上都考虑到反映绿色植物的红光波段（0.6～0.7 μm）和近红外波段（0.8～1.0 μm）特征，因此利用遥感监测生产状况和生态环境的变化就十分有利，农业相应成为遥感技术最大的受益者。农业遥感主要应用在土地资源调查、土地资源监测、作物估产、农作物生长状况及其生态环境的监测等方面。

随着空间技术及计算机技术的发展，遥感技术也在向高分辨率、多传感器、多波段方向发展。

三、全球定位系统

GPS 是美国国防部组织海、陆、空三军共同研制的第二代卫星导航与定位系统，它是由高度为 20 200 km，分布在赤道面夹角为 55°的 6 个轨道上，约 12 小时绕地球一周的 24 颗卫星组成。GPS 通过接收空中多颗卫星发射的信号，采用三角测量的原理确定出地球空间任意位置的精确空间坐标，具有高精度、全天候的实时定位和导航能力，既可直接获取空间信息，又可用于确定空间位置。一般来讲，运用全球定位系统进行空间实时定位，其精度为 10～15 m（2000 年 5 月美国取消 SA 政策），而差分 GPS（DGPS）的精度可达到 1 m。许多生产操作都依赖于空间点的实时精确定位，GPS 无疑是一个最好的工具。

四、3S 技术的结合

（一）RS 与 GIS 的结合

RS 与 GIS 都是在现代科学技术基础上发展起来的新技术手段和方法。GIS 是一种管理和分析地理空间数据的有效工具和手段；RS 则是建筑在现代空间技术基础上的一种收集地球表面空间信息的重要技术手段。由于工作基础和目的相近，使二者必然地联系在一起。

GIS 与 RS 结合主要采用两种方式（张超等，1995）：①通过数据接口，使数据在彼此独立的地理信息系统和图像分析系统两者之间交换传递，这种结合是相互独立、平行的，它可以将图像处理后的结果送入地理信息系统，从而实现信息共享；②地理信息系统和图像处理系统直接组成一个完整的综合系统（集成系统），包括两种方法：一种方法是两个软件共用一个用户接口，实现栅格—矢量的处理；另一种方法是二者的真正结合，组成一个统一的软件系统，以完成信息复合、交互查询、自动分类、更新等 GIS 功能，这是二者结合的高级形式。

我国在遥感与地理信息系统结合研究应用中，大多使用第一种结合方式。申广荣等（1999）研究利用遥感资料，基于 GIS 技术，通过作物缺水指数模型监测旱情；赵庚星等（1999）以遥感为主要信息源，采用目视解译，机助分类进行土地利用信息的提取，在 GIS 的支持下，进行各时相土地利用现状图的叠加分析，从而监测各地类空间分布变化。

（二）GIS、GPS、RS 的结合

3S 技术的内涵主要是以计算机技术、空间技术和现代网络通信技术为核心，综合发挥地理信息系统、遥感系统、全球定位系统三项技术特点的技术体系。GPS 技术与 RS 和 GIS 相结合，再加上现代通信技术，将会大大改变空间数据的获取、存贮、更新和使用的方式，实现这一门现代空间信息科学和技术更广泛地应用于地球科学、环境科学、空间科学，成为人类生活和社会持续发展中必不可少的技术工具（李德仁，1997）。3S 技术的最高应用体现在“数字地球”。“数字地球”是这项技术的高度集成。它是一个以信息高速公路为基础，空间数据基础设施为依托极为广泛的概念。其中“数字地球空间数据框架”则是数字地球最基本的空间数据集，它包括数字正射影像、数字地面模型、环境资源、交通、水系、境界和地名等内容。我国十分重视对 3S 技术的研究，从“六五”攻关计划以来，一直都把 RS、GIS 作为优先发展的技术。“863”国家高技术发展计划也把遥感技术及 3S 技术的发展列为

重点加以资助，并取得了一些重大科技成果，成功地实现了一些实用的集成模式。

3S技术在农业领域主要包括：土地资源调查、监测与保护；土壤侵蚀调查；农作物估产和监测3方面的应用。

在作物种植面积提取和作物长势监测中遥感数据一直得到长期有效的应用，3S技术的发展加强了遥感技术在农业上的作用，不仅给种植面积提取提供了新的思路和方法，并且直接进入农业主产的各个环节，与新的农业管理概念“按土壤类型耕作”和计算机网络技术结合，形成了以信息技术指导农业生产，计算机网络管理生产及销售产品的新一代农业——精准农业。从20世纪70年代中期到80年代初，随着航空摄影以及作物监测等新调查手段的应用，人们对田内土壤和作物状况的空间变化有了更好的认识，其中一项重要的成果就是将田分成许多块段进行管理，而不是对整个农田进行管理，从而获得更多的效益。同时，微机的广泛应用，以及新型的载有计算机控制器和传感器的农用机械的出现，使得对空间数据的获取、处理和利用成为可能，因此产生了新的农业管理概念“按土壤类型耕作”。今天，一般称为“精准农业”(PA)，在精准农业中，3S技术分别建立子系统，构成精准农业的技术骨架。

参考文献

[1] 陈述彭，赵英时. 遥感地学分析[M]. 北京：测绘出版社，1990.

[2] 陈述彭. 遥感在农业科学技术中的应用.地学的探究(第三卷)[M]. 北京：科学出版社，1990：20-32.

[3] 承继成. 精确农业技术与应用[M]. 北京：科学出版社，2004.

[4] 程乾，黄敬峰，王人潮，等. 水稻叶面积指数与MODIS植被指数、红边位置之间的相关分析[J]. 农业工程学报，2003，19(5)：104-108.

[5] 程一松，胡春胜. 高光谱遥感在精准农业中的应用[J]. 农业系统科学与综合研究，2001，17(3)：193-195.

[6] 杜金哲，李文雄，胡尚连，等. 春小麦不同品质类型氮的吸收、转化利用及与籽粒产量和蛋白质含量的关系[J]. 作物学报，2001，27(2)：253-260.

[7] 冯美臣，杨武德，张东彦，等. 基于TM和MODIS数据的水旱地冬小麦面积提取和长势监测[J]. 农业工程学报，2009，25(3)：103-109.

[8] 冯蜀青，刘青春，金义安，等. 利用EOS/MODIS进行牧草产量监测的研究[J]. 青海草业，2004，13(3)：6-10.

[9] 冯伟，朱艳，田永超，等. 利用高光谱遥感预测小麦籽粒蛋白质产量[J]. 生态学杂志，2008，27(6)：903-910.

[10] 郭德友,吕耀昌,彭德福,等. 农业遥感[M]. 北京:科学出版社,1986.
[11] 何英彬,陈佑启,唐华俊. 基于MODIS反演逐日LAI及SIM RIW模型的冷害对水稻单产的影响研究[J]. 农业工程学报,2007,23(11):188-194.
[12] 黄文江,王纪华,刘良云,等. 小麦品质指标与冠层光谱特征的相关性的初步研究[J]. 农业工程学报,2004,20(4):203-207.
[13] 吉书琴,张玉书,关德新,等. 辽宁地区作物低温冷害的遥感监测和气象预报[J]. 沈阳农业大学学报,1998,29:16-20.
[14] 江东,王乃斌,杨小唤,等. NDVI曲线与农作物长势的时序互动规律[J].生态学报,2002,22(2):247-252.
[15] 江晓波,李爱农,周万村. 3S一体化技术支持下的西南地区冬小麦估产[J]. 地理研究,2002,21(5):585-592.
[16] 李德仁. 论RS,GPS与GIS集成的定义,理论与关键技术[J]. 遥感学报,1997,1(1):64-68.
[17] 李茂松,王道龙,钟秀丽,等. 冬小麦霜冻害研究现状与展望[J]. 自然灾害学报,2005,(4):72-78.
[18] 李树楷. 全球环境资源遥感分析[M]. 北京:测绘出版社,1992.
[19] 李树岩,刘荣花,师丽魁,等. 基于CI指数的河南省近40年干旱特征分析[J]. 干旱气象,2009,27(2): 97-102.
[20] 李星敏,刘安麟,王钊,等. 植被指数差异在干旱遥感监测中的应用[J].陕西气象,2004,5:17-19.
[21] 李秀芬,王育光,季生太,等. 作物长势监测系统(CGMS)在黑龙江省的应用[J]. 中国农业气象,2005,26(3):151-155.
[22] 李映雪,朱艳,田永超,等. 小麦冠层反射光谱与籽粒蛋白质含量及相关品质指标的定量关系[J]. 中国农业科学 2005,38(7):1332-1338.
[23] 李郁竹. 冬小麦气象卫星遥感动态监测与估产[M]. 北京:气象出版社,1993.
[24] 李章成,周清波,吕新,等. 冬小麦拔节期冻害后高光谱特征[J]. 作物学报,2008,34(5):831-837.
[25] 李章成,周清波,江道辉,等. 棉花苗期冻害高光谱特征研究[J]. 棉花学报,2008,20(4):306-311.
[26] 刘海启. 美国农业遥感技术应用现状简介[J]. 国土资源遥感,1997,3(32):56-60.
[27] 刘良云,王纪华,黄文江,等. 冬小麦品质遥感监测[J]. 遥感学报,2003,12(7):143-148.
[28] 刘湘南,黄方. 农业信息系统支持下的玉米遥感估产模型研究[J]. 地理科学,1997(3):74-79.

[29] 刘晓云，李栋梁，王劲松．1961—2009 年中国区域干旱状况的时空变化特征．中国沙漠，2012，32(2)：473-483．
[30] 刘兴元，陈全功，梁天刚，等．新疆阿勒泰牧区雪灾遥感监测体系构建与灾害评价系统研究[J]．应用生态学报，2006，17(2)：215-220．
[31] 刘英，马保东，吴立新，等．基于 NDVI-ST 双抛物线特征空间的冬小麦旱情遥感监测[J]．农业机械学报，2012，43(5)：55-63．
[32] 卢艳丽，李少昆，王克如，等．基于穗层反射光谱的小麦籽粒蛋白质含量监测的研究[J]．作物学报，2006，32(2)：232-236．
[33] 吕建海，陈曦，王小平，等．大面积棉花长势的 MODIS 监测分析方法与实践[J]．干旱区地理，2004，27(1)：118-123．
[34] 莫兴国，林忠辉，李宏轩，等．基于过程模型的河北平原冬小麦产量和蒸散量模拟[J]．地理研究，2004，23(5)：623-631．
[35] 裴志远，杨邦杰．应用 NOAA 图像进行大范围洪涝灾害遥感监测的研究[J]．农业工程学报，1999，15(4)：203-206．225．
[36] 浦吉存，董谢琼，尤临．NOAA/AVHRR 资料在低纬高原小春作物估产中的初步应用[J]．中国农业气象，2004，25(1)：54-56．
[37] 钱永兰，侯英雨，延昊．基于遥感的国外作物长势监测与产量趋势估计[J]．农业工程学报，2012，28(13)：166-171．
[38] 全国冬小麦遥感综合测产协作组．冬小麦气象卫星遥感动态监测与估产[C]．北京：气象出版社，1993．
[39] 申广荣，田国良．基于 GIS 的黄淮海平原旱灾遥感监测研究[J]．农业工程学报，1999，15(1)：188-191．
[40] 孙雪梅，周启发，何秋霞．利用高光谱参数预测水稻叶片叶绿素和籽粒蛋白质含量[J]．作物学报，2005，31(7)：844-850．
[41] 覃先林，易浩若．MODIS 数据在树种长势监测中的应用[J]．遥感技术与应用，2003，18(3)：124-128．
[42] 覃志豪，高懋芳，秦晓敏，等．农业旱灾监测中的地表温度遥感反演方法-以 MODIS 数据为例[J]．自然灾害学报，2005，14(4)：64-71．235．
[43] 檀艳静，张佳华，姚凤梅，等．中国作物低温冷害监测与模拟预报研究进展[J]．生态学杂志，2013，32(7)：1920-1927．
[44] 汤志成，孙涵．用 NOAA 卫星资料作冬作物冻害分析[J]．遥感信息，1989，4：39．
[45] 田庆久，闽祥军．植被指数研究进展[J]．地球科学进展，1998，13(4)：327-333．
[46] 王建林，侯英雨．利用气象卫星资料估算全球作物总产研究[J]．气象学报，2005，31(8)：18-21．

[47] 王连喜，秦其明，张晓煜．水稻低温冷害遥感监测技术与方法进展[J]．气象，2003，29(10)：3-7.

[48] 王乃斌，周迎春，林耀明，等．大面积小麦遥感估产模型的构建与调试方法的研究[J]．环境遥感，1993，8(4)：250-259.

[49] 王新华，延军平，柴莎莎．近 48 年大同市旱涝灾害对气候变化的响应[J]．干旱地区农业研究，2010，28(5)：273-278.

[50] 王之杰．冬小麦冠层氮素分布与品质遥感的研究[D]．中国农业大学博士学位论文，2006.

[51] 卫捷，马柱国．Palmer 干旱指数、地表湿润指数与降水距平的比较[J]．地理学报，2003，58(增刊)：117-124.

[52] 吴炳方，张峰，刘成林，等．农作物长势综合遥感监测方法[J]．遥感学报，2004，8(6)：498-514.

[53] 吴炳方．全国农情监测与估产的运行化遥感方法[J]．地理学报，2000，55(1)：25-35.

[54] 武建军，杨勤业．干旱区农作物长势综合监测[J]．地理研究，2002，21(5)：593-598.

[55] 肖春华，李少昆，卢艳丽，等．基于冠层平行平面光谱特征的冬小麦籽粒蛋白质含量预测[J]．作物学报，2007，33(9)：1468-1473.

[56] 肖乾广，周嗣松，陈维英，等．用气象卫星数据对冬小麦进行估产试验[J]．环境遥感，1986，1(4)：260-269.

[57] 肖乾广．用 NOAA 气象卫星的定量资料计算冬小麦种植面积的两种方法[J]．环境遥感，1989，4(3)：119-126.

[58] 小西教夫，志贺弘行，安积大治．ら美味しいお米を作るリモ`トセンシング[J]．測量，2000：14-20.

[59] 熊利亚．中国农作物遥感动态监测与估产集成系统[M]．北京：中国科学技术出版社，1996.

[60] 薛亮．农业部遥感技术应用现状与发展思路[J]．中国农业资源与区划，2002，23(3)：3-7.

[61] 杨邦杰，裴志远，张松岭．基于 3S 技术的国家农情监测系统[J]．农业工程学报，2001，17(1)：154-158.

[62] 杨邦杰，王茂新，裴志远．冬小麦冻害遥感监测[J]．农业工程学报，2002，18(2)：136-140.

[63] 杨邦杰．农作物长势的定义与遥感监测[J]．农业工程学报，1999，15(3)：214-218.

[64] 弋良朋，尹林克，王雷涛. 基于RDVI的尉犁绿洲植被覆盖动态变化研究[J]. 干旱区资源与环境，2004，18(6)：66-71.
[65] 张超，陈丙咸，乌仔伦. 地理信息系统[M]. 北京：高等教育出版社，1995.
[66] 张春林，赵景波，牛俊杰. 山西黄土高原近50年来气候暖干化研究[J]. 干旱区资源与环境，2008，22(2)：70-74.
[67] 张婧，梁树柏，许晓光，等. 基于CI指数的河北省近50年干旱时空分布特征[J]. 资源科学，2012，34(6)：1089-1094.
[68] 张倩，赵艳霞，王春乙. 我国主要农业气象灾害指标研究进展[J]. 自然灾害学报，2010，19(6)：40-54.
[69] 张强，邹旭凯，肖风劲. GB/T 20481—2006 气象干旱等级[M]. 北京：中国标准出版社，2006：1-17.
[70] 张树誉，李登科，李星敏，等. MODIS资料在2005年陕西春旱过程监测中的应用[J]. 中国农业气象，2006，27(3)：204-209.
[71] 张霞，张兵，卫征，等. MODIS光谱指数监测小麦长势变化研究[J]. 中国图象图形学报，2005，10(4)：420-425.
[72] 张雪芬，陈怀亮，郑有飞，等. 冬小麦冻害遥感监测应用研究[J]. 南京气象学院学报，2006，29(1)：94-100.
[73] 赵庚星，王人潮，李涛. 区域土地利用监测系统(RLUMS)的研制与应用[J]. 农业工程学报，1999，15(4)：198-202.
[74] 赵俊芳，杨晓光，刘志娟. 气候变暖对东北三省春玉米严重低温冷害及种植布局的影响[J]. 生态学报，2009，29(12)：6544-6551.
[75] 赵文化，单海滨，钟儒祥. 基于MODIS火点指数监测森林火灾[J]. 自然灾害学报，2008，17(3)：153-157.
[76] 中村实知，川岛茂人. 卫星画像から得られた茶不地の环境特性と品质との关系[J]. Japanese Journal of Crop Science，2001，68(3)：424-432.
[77] 周成虎. 洪涝灾害遥感监测研究[J]. 地理研究，1993，12(3)：63-68.
[78] 周清波. 国内外农情遥感现状与发展趋势[J]. 中国农业资源与区划，2004，25(5)：9-14.
[79] 朱晓红，谢昆青，徐希儒. 冬小麦产量构成分析与遥感估产[J]. 环境遥感，1989，4(2)：116-127.
[80] 邹旭凯，任国玉，张强. 基于综合气象干旱指数的中国干旱变化趋势研究[J]. 气候与环境研究，2010，15(4)：371-378.
[81] Bower S A，Hunks R J. Reflection of radiant energy from soils. Soil Science，1965，10(2)：130-138.

[82] Kogan F N. Operational space technology for global vegetation assessment. Bulletin of the American Meteorological Society, 2001, 82, 1949-1964.

[83] Mishra A K, Desai V R, Singh V P. Drought forecasting using a hybrid stochastic and neural network model. J. Hydrol. Eng., ASCE, 2007, 12 (6): 626-638.

[84] Peters A J, Rundquist D C and Wilhite D A. Satellite detection of the geographic core of the 1988 Nebraska drought. Agricultural and Forest Meteorology, 1991, 57, 35-47.

[85] Unganai L S and Kogan F N. Drought monitoring and corn yield estimation in Southern Africa from AVHRR data. Remote Sensing of Environment, 1998, 63, 219-232.

[86] Adams M L, Philpot W D, Norvell W A. Yellowness index: an application of spectral second derivatives to 260 estimate chlorosis of leaves in stressed vegetation [J]. International Journal Remote Sensing, 1999, 20: 3663-3675.

[87] Andreadis K M, Lettenmaier D P, 2006. Trends in 20th century drought over the continental United States. Geophys. Res. Lett. 33, L10403. doi: 10.1029/2006GL025711.

[88] Ashcroft P M, Catt J A,Curran P J, et al. The relation between reflected radiation and yield on the Broadbalk winter wheat experiment [J]. International Jounary Remote Sensing, 1990, 11(10): 1821-1836.

[89] Ashok K, Mishra, Vijay P, Singh. 2011. Drought modeling-A review. Journal of Hydrology, 2011, 403: 157-175.

[90] Baret F, Guyot Q, Major D J. TSAVI: A vegetation index which minimizes soil brightness effects on LAI and APAR estimation. Proceedings of the Canadian Symposium on Remote Sensing, Vancouver, Canada, 1989: 1355-1358.

[91] Barnett T L, Thompson D R. The use of large-area spectral data in wheat yields estimation [J]. Remote Sens. Environ, 1982, 12:509-518.

[92] Bayasgalan B. Disaster and environment monitoring using remote sensing data and GIS technology in 210 Mongolia[C]. Proceedings of the 10th International Research and Training Seminar on Regional Planning for Disaster Prevention, 1996, 37-47.

[93] Blacker T M, Schemers J S, Varvel G E, et al. Nitrogen deficiency detection using shortwave radiation from ingoted corn canopies. Argon[J]. 1996, 88: 1-5.

[94] Bouman B A M. Linking physical remote sensing models with crop growth simulation models, applied for sugar beet [J]. Int. J. Remote Sensing, 1992, 13 (14): 2565-2581.

[95] Bradley C Rundquist. The influence of canopy green vegetation fraction on spectral measurements over native tallgrass prairie[J]. Remote Sensing of Environment, 2002, 81(1): 129-135.

[96] Brown J F, Reed B C, Hubbard k. A prototype Drought monitoring system integrating climate and satellite data[C]. Pecora 15/Land Satellite Information IV/ ISPRS Commission I/FIEOS 2002 Conference Proceedings.

[97] Caccamo G, Chisholm L A, Bradstock R A, Puotinen M L. Assessing the sensitivity of MODIS to monitor drought in high biomass ecosystems. Remote Sensing of Environment, 2011, 115: 2626-2639.

[98] Cancelliere A, Salas J D. 2004. Drought length properties for periodic-stochastic hydrologic data. Water Resour. Res. 40, W02503. Doi: 10.1029/2002 WR001750.

[99] Cancelliere A, Salas J D. Drought probabilities and return period for annual streamflows series. J. Hydrol, 2010, 391: 77-89.

[100] Cebrian A C, Abaurrea J. Drought analysis based on a marked cluster Poisson model. J. Hydrometeorol, 2006, 7: 713-723.

[101] Chhikara R S, Houston A G, Lundgren J C. Crop acreage estimation using a Land sat based estimator as an auxiliary variable [J]. IEEE Transactions of Geosciences and Remote Sensing, 1986, GE-24: 155-168.

[102] Chung C H, Salas J D. Return period and risk of droughts for dependent hydrologic processes. J. Hydrol. Eng. 2000, 5(3): 259-268.

[103] Cox M C, Quonset C O, Rains D W. Genetic variation for nitrogen assimilation and translocation in wheat. Ⅲ: Nitrogen translocation in relation to grain yield and protein [J]. Crop Science, 1986, 26: 737-740.

[104] Dai A. Drought under global warming: a review. Wiley Interdiscip. Rev. Clim. Change, 2011, 2(1): 45-65.

[105] Daughtry C S T, Gallo K P, Goward S N, et al. Spectral estimates of absorbed radiation and phytomass production in corn and soybean canopies[J]. Remote Sensing of Environment, 1992, 39: 141-152.

[106] Daughtry C S T, Vanderbilt V C, Pollara V J. Variability of reflectance measurements with sensor altitude and canopy type [J]. Agronomy Journal, 1982 (74): 744-751.

[107] Delgado J A, Ristau R J, Dillon M A, et al. Use of innovative tools to increase nitrogen use efficiency and protect environmental quality in crop rotations [J]. Common. Soil Science. Plant Annual. 2001, 32: 1321-1354.

[108] Dhanya C T, Nagesh K D. 2009. Data mining for evolution of association rules for droughts and floods in India using climate inputs. J. Geophys. Res. 114, D02102. Doi: 10.1029/2008JD010485.

[109] England A W. Galantowicz J F, Schretter M S. The radio brightness thermal inertia of soil moisture [J]. IEEE Transactions on Geo-science and Remote Sensing, 1992, 30(1): 132-139.

[110] Farokhnia A, Morid S, Byun H R. 2010. Application of global SST and SLP data for drought forecasting on Tehran plain using data mining and ANFIS techniques. Theor. Appl. Climatol. Doi: 10.1007/s00704-010-0317-4.

[111] Glenn J F, Stephan J M, Willan R D. Spider mite detection and canopy component mapping in cotton using hyperspectral imagery and spectral mixture analysis[J]. Precision Agriculture, 2004, 5: 275-289.

[112] Gu Y, Brown J F, Verdin J P and Wardlow B. 2007. A five-year analysis of MODIS NDVI and NDWI for grassland drought assessment over the central Great Plains of the United States. Geophysical Research Letters, 34. Doi: 10.1029/2006GL029127.

[113] Hansen P M, Jorgensen JR, Thomsen A. Predicting grain yield and protein content in winter wheat and spring barley using repeated canopy reflectance measurements and partial least squares regression [J]. Agriculture Science. 2002, 139: 307-318.

[114] Hayes M J, Svoboda M D, Knutson C L and Wilhite D A. Estimating the economic impacts of drought. Proceedings of the 84th annual meeting (J2.6). Seattle, WA: American Meteorological Society. 2004.

[115] Heim R R. A review of twentieth-century drought indices used in the United States. B. Am. Meteorol. Soc. 2002, 83(8): 1149-1165.

[116] Heim R R. A review of twentieth-century drought indices used in the United States. Bulletin of the American Meteorological Society, 2002, 83: 1149-1165.

[117] Helen C, Claudio et al. Monitoring drought effects on vegetation water content and fluxes in chaparral with the 970 nm water band index. Remote Sensing of Environment, 2006, 103: 304-311.

[118] Homburg D S, Stanne K W, Robert P C, et al. Spectral properties of sugar beets related to sugar content and quality [A]. Proceedings of the Fourth International Conference on Precision Agriculture[C]. St. Paul, Minnesota, USA, 19-22 July 1998. Part A and Part B. 1999, 1593-1602.

[119] Huete A R. A soil-adjusted vegetation index (SAVI) [J]. Remote Sensing of

Environment, 1988, 25(3):295-309.

[120] IPCC Technical Paper VI, 2008. Climage Change and Water.

[121] Jeyasseelan A T. Droughts and floods assessment and monitoring using remote sensing and GIS[J]. Satellite Remote Sensing and GIS Applications in Agricultural Meteorology, 2003, 291-313.

[122] Jin Y Q, Yan F H. Monitoring the sandstorm during spring season 2002 and desertification in northern China using SSM/I data and Getis statistics[J]. Progress in Natural Science, 2003, 13(5): 374-378.

[123] Jinyoung R, Jungho I, Gregory J. Monitoring agricultural drought for arid and humid regions using multi-sensor remote sensing data. Remote Sensing of Environment, 2010, 114: 2875-2887.

[124] Kable A B. A simple thermal model of the Earth's surface for geologic mapping by remote sensing [J]. Journal of Geographic Research, 1977, 82: 1673-1680.

[125] Kaufman Y J, Justice C, Flynn L, et al. Potential global fire monitoring from EOS-MODIS [J]. Journal of Geophysical Research-atmospheres, 1998, 103: 32215-32238.

[126] Kim T, Vald' es J B, Yoo C. Nonparametric approach for estimating return periods of droughts in arid regions. J. Hydrol. Eng, 2003a, 8: 237-246.

[127] Kogan F N. Drought of the late 1980s in the United States as derived from NOAA polar-orbiting satellite data. Bulletin of the American Meteorological Society, 1995, 76, 655-668.

[128] Leilah A A, Al-Khateeb S A. Statistical analysis of wheat yield under drought conditions. J. Arid Environ, 2005, 61: 483-496.

[129] Leprieur C, Verstraete M M, Pinty B, Chehbouni A. NOAA/AVHRR Vegetation Indices: Suitability for Monitoring Fractional Vegetation Cover of the Terrestrial Biosphere. in Proc. of Physical Measurements and Signatures in Remote Sensing, ISPRS, 1994, 1103-1110.

[130] Mac Donald RB, Hall F G. Global Crop Forecasting [J]. Science, 1980, 208:670-679.

[131] Majumdar T J, Massonnet D. D-InSAR applications for monitoring of geological hazards with special reference to Latur earthquake 1993 [J]. Current Science, 2002, 83: 502-508.

[132] Malthus T J, Maderia A C. High resolution spectro-radiometry: spectral reflectance of field bean leaves infected by botrytis fabae[J]. Remote Sensing of Environment, 1993, 45: 107-116.

[133] Mänd P, Hallik L, Peñuelas J, Nilson T, Duce P, Emmett B, Beier C, Estiarte M, Garadnai J, Kalapos T, Kappel S I, Kovács-Láng E, Prieto P, Tietema A, Westerveld J W, Kull O. Responses of the reflectance indices PRI and NDVI to experimental warming and drought in European shrublands along a north-south climatic gradient. Remote Sensing of Environment, 2010, 114: 626-636.

[134] Mccarthy J J, Canziani O F, Leary N A, Dokken D J, White K S. (Eds.), 2001. Climate change 2001 - Impacts, Adaptation and vulnerability: Contribution of Working Group Ⅱ to the Third Assessment Report of the Intergovernmental Panel on Climate Change. Cambridge University Press, Cambridge.

[135] Mishra A K, Desai V R. Drought forecasting using stochastic models. J. Stoch. Environ. Res. Risk Assess, 2005a, 19: 326-339.

[136] Mishra A K, Singh V P, Desai V R. Drought characterization: a probabilistic approach. Stoch. Environ. Res. Risk A. 2009, 23 (1), 41-55.

[137] Mishra A K, Singh V P. A review of drought concepts. J. Hydrol. 2010, 391(1-2): 202-216.

[138] Mishra V, Cherkauer K A, Shukla S. Assessment of drought due to historic climate variability and projected climate change in the Midwestern United States. J. Hydrometeorol, 2010, 11(1): 46-68.

[139] Morid S, Smakhtin V, Moghaddasi M. Comparison of seven meteorological indices for drought monitoring in Iran. Int. J. Climatol, 2006, 26: 971-985.

[140] NASA USDA, 1978, The LACIE Symposium, Proceedings of Technical Sessions, Vol. Ⅰ, Ⅱ, Lyndon B. Johnson Space Center, Houston Texas, p.1125.

[141] Rojas, A. Vrieling, F. Rembold. Assessing drought probability for agricultural areas in Africa with coarse resolution remote sensing imagery. Remote Sensing of Environment, 2011, 115: 343-352.

[142] OFDA/CRED International Disaster Database. Université catholique de Louvain-Brussels - Belgium, 2011. Available from <http://www.emdat.be>.

[143] Pantaleoni E, Engel B A, Johannsen C J. Identifying agricultural flood damage using Landsat imagery[J]. 230 Precision Agriculture, 2007, 8: 27-36.

[144] Patel N K, Singh T P, Sahml B. Spectral response of rice crop and its relation to yield and yield attributes [J]. Int. J. Remote Sens, 1985, 6:657-664.

[145] Pinty B, Verstraete M M, GEMI: A non-linear index to monitor global vegetation from satellites [J]. Vegetatio, 1992, 101: 15-20.

[146] Price J C. On the analysis of thermal infrared imagery: the limited utility of apparent thermal inertial [J]. Remote Sensing of Environment, 1985, 18(1): 59-

73.

[147] Price J C. Thermal inertia mapping: a new view of the Earth [J]. Journal of Geographic Research, 1977, 82: 2582-2590.

[148] Pu R L, Li Z Q, Gong P, et al. Development and analysis of a 12-year daily 1-km forest fire dataset across North America from NOAA/AVHRR data[J]. Remote Sensing of Environment, 2007, 108: 198-208.

[149] Purevdor J T S, Tateishi R, Ishiyama T, et al. Relationships between percent vegetation cover and vegetation indices [J]. International Journal of Remote Sensing, 1998, 19(18): 3519-3535.

[150] Qi J, Chenbouni A, Huete A R, et al. Modified soil adjusted vegetation index (MSAVI) [J]. Remote sensing of environment, 1994, 48(2): 119-126.

[151] Rasmussen M S. Operational yield forecast using AVHRR NDVI data: reduction of environmental and inter-annual variability [J]. Int. J. Remote Sens, 1997, 18(5): 1059-1077.

[152] Richardson A J, Weigand C L. Distinguishing vegetation from soil background information [J]. Photogrammetric Engineering and Remote Sensing, 1977, 43: 1541-1552.

[153] Rouault M and Richard Y. Intensity and spatial extension of drought in South Africa at different time scales. Water SA, 2003, 29: 489-500.

[154] Rouse J W, Haas R W, Schell J A. Monitoring the vernal advancement and retro gradation (green wave effect) of natural vegetation [C] //. NASA/GSFCT Type III Final Report, Greenbelt, MD, USA, 1974: 309-317.

[155] Rudorff B F T, Aguiar D A, Adami M, et al. Frost damage detection in sugarcane crop using MODIS images and SRTM data[C]. In Geoscience and Remote Sensing Symposium (IGARSS), 2012 IEEE International, 2012: 5709-5712.

[156] Rudorff B F T, Batista G T. Yield estimation of sugarcane based on agro meteorological spectral models [J]. Remote Sens. Environ, 1990, 33: 183-192.

[157] Serrano L, Fiella I and Penuelas J. Remote sensing of biomass and yield of winter wheat under different 220 nitrogen supplies [J]. Crop Science, 2000, 40: 723-731.

[158] Shahabfar A, Eitzinger J. An evaluation of drought indices in different climatic regions. In: European Geosciences Union General Assembly, 19-24, 2009, Vienna, Austria, Vol. 11, EGU2009-456. 2009.

[159] Shahabfar A, Ghulamb A, Eitzingera J. Drought monitoring in Iran using the perpendicular drought indices. International Journal of Applied Earth Observation

and Geoinformation, 2012, 18: 119-127.

[160] Son N T, Chen C F, Chen C R, Chang L Y, Minh V Q. Monitoring agricultural drought in the Lower Mekong Basin using MODIS NDVI and land surface temperature data. International Journal of Applied Earth Observation and Geoinformation, 2012, 18: 417-427.

[161] Steven M Q, Ganesh S. Evaluating the utility of the Vegetation Condition Index (VCI) for monitoring meteorological drought in Texas. Agricultural and Forest Meteorology, 2010, 150: 330-339.

[162] Tennakoon S B, Murty V A. An estimation of cropped area and grain yield of rice using remote sensing data [J]. International J. Remote Sens, 1992, 13(3): 427-439.

[163] Thenkabail P S, Smith R B. Hyperspectral vegetation indices and their relationships with agricultural crop characteristics [J]. Remote Sensing of Environment, 2000, 71: 158-182. 255.

[164] Tian Q, Tong Q, Pu R, et al. Spectroscopic determination of wheat water using 1650～1850 nm spectral absorption features [J]. Remote Sensing, 2001, 22(12): 2329-2338.

[165] Tucker C J and Choudhury B J. Satellite remote sensing of drought conditions. Remote Sensing of Environment, 1987, 23: 243-251.

[166] Vasiliades L, Loukas A. 2010. Spatiotemporal drought forecasting using nonlinear models. Geophys. Res. Abstracts 12, EGU, 2010-14321-2.

[167] Walsh S J. Comparison of NOAA AVHRR data to meteorologic drought indices. Photogrammetric Engineering and Remote Sensing, 1987, 53: 1069-1074.

[168] Wand J, Rich P M and Price K P. Temporal response of NDVI to precipitation and temperature in the central Great Plains, USA. International Journal of Remote Sensing, 2003, 24: 2345-3364.

[169] Wang H F, Guo W, Wang J H, et al. Exploring the feasibility of winter wheat freeze injury by integrating grey system model with RS and GIS[J]. Journal of Integrative Agriculture. 2013, 12(7): 1162-1172.

[170] Wang J H, Huang W J, Zhao C J. Estimation of leaf biochemical components and main quality indicators of winter wheat from spectral reflectance [J]. Journal of Remote Sensing, 2003, 7(4): 277-284.

[171] Wang L and Qu J J. 2007. NMDI: A normalized multi-band drought index for monitoring soil and vegetation moisture with satellite remote sensing. Geophysical Research Letters, 34. Doi: 10.1029 /2007 GL 031021.

[172] Waston K, Rowen L C, Offield T W. Application of thermal modeling in the geologic of IR images [J]. Remote Sensing of Environment, 1971, 3: 2017-2041.

[173] Weaver J C. The drought of 1998—2002 in North Carolina-Precipitation and hydrologic conditions. Scientific Investigations Report, 2005—5053. (pp. 98) U.S. Geological Survey, U.S. Department of the Interior, Reston, VA. 2005.

[174] Yafit C and Maxim S. A national knowledge-based crop recognition in mediterranean environment [J]. International Journal of Applied Earth Observation and Geoinformation, 2002, 4: 75-87.

[175] Zhao C J, Liu L Y, Wang J H, et al. Prediction main protein content of winter wheat using remote sensing data based on nitrogen status and water stress [J]. International Journal of Applied Earth Observation and Geoinformation, 2005, 7: 1-9.

[176] Zhao Chunjiang, Huang Wenjiang, Wang Jihua. The red edge parameters of different wheat varieties different fertilization and irrigation treatments [J]. Scientia, Agriculture Sinica, 2002(7): 745-751.

[177] Zhou Q F, Wang R C. Relationship between nitrogen nutrition level and reflectance characteristics of rice [J]. Journal of Zhejiang Agricultural University, 1993, 19(9): 40-46.

第二章　研究区冬小麦种植的自然地理条件

第一节　研究区域概况

一、地理位置

本研究以山西省晋中市、临汾市和运城市三个地区冬小麦为研究对象(图 2-1)。

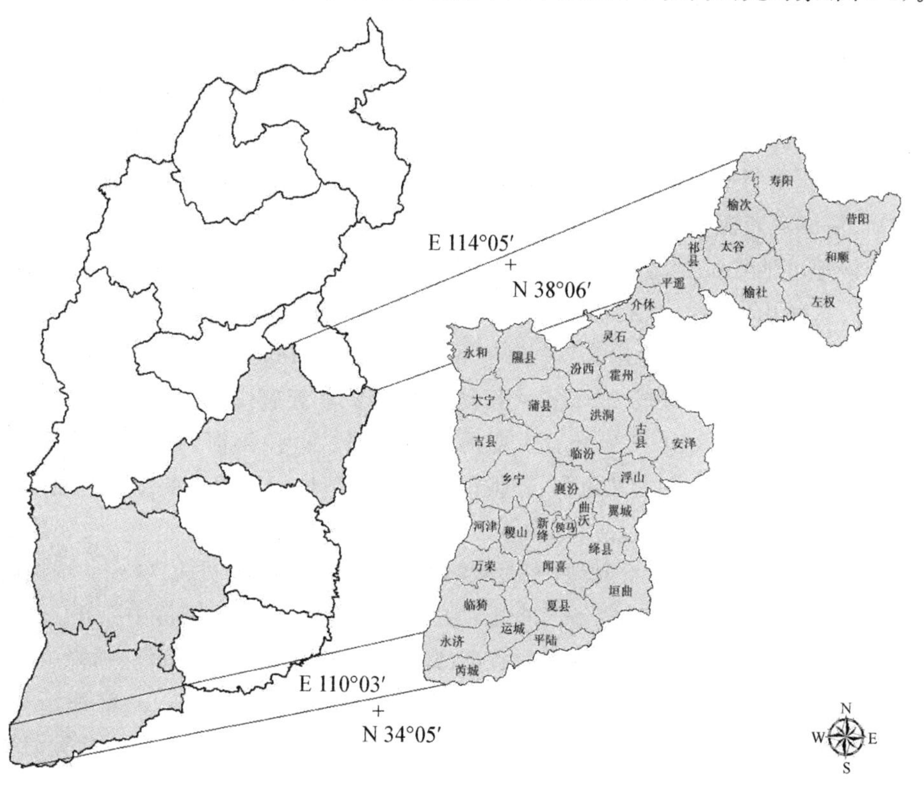

图 2-1　研究区域示意图

Fig. 2-1　Location of the study area

晋中市位于山西省中部，北纬36°39′～38°06′，东经111°25′～114°05′，东依太行与河北省交界，西傍汾河，北与省会太原毗邻。全区地形是山区广阔、平川狭小。临汾市位于山西省西南部，北纬35°23′～36°56′，东经110°23′～112°33′，东与长治市、晋城市相接，西隔黄河与陕西省为邻，南与运城市毗连，北与离石市、晋中市接壤。临汾市地处黄土高原，汾河下游。东有太岳山，又有吕梁山，两山之间为临汾盆地。运城地区位于山西省西南端，北起吕梁山南麓与临汾地区接壤，东接中条山南与晋城市毗邻，西与南部隔黄河分别与陕西、河南相望（山西省测绘局，1995）。

二、地形地貌

晋中地区地势东部高西部低。东为太行山地，西邻汾河谷地。境内主要山峰有老庙山、阳曲山、五蛇垴、人头山、北万山、北天池、大塔山、子金山、方山、绵山、八赋岭、通梁山、跑马岭、六台山、五云山、四县垴等。太行山主峰在左权县境内，海拔2180 m。境内地形受汾河和漳河及其支流的切割，部分地区形成黄土浅丘，在太行山中盆地错落零散分布。其中以阳泉、平定、寿阳等盆地较为重要。西部太原盆地，是山西三大盆地之一，海拔在700～900 m。大部分为汾河冲击之黄土层。原来水源充足，但近年逐步下降。境内河流，西部有汾河及其支流蒲河、昌源河等，纵横交错，加上使用地下水，灌溉比较方便。东部太行山区主要河流有桃河、松溪河、段纯河、清漳河西源及浊漳河北源等，均属海河水系。

临汾地区地处黄土高原，汾河下游。东有太岳山，西有吕梁山，两山之间为临汾盆地。太岳山以霍山为主峰，海拔2347 m，为本区最高峰。其他山峰主要有安太山，海拔1592 m；大疙瘩山，海拔1484 m；佛山，海拔1556 m。吕梁山在本区以隰县的紫荆山为最高，海拔1955 m。其他山峰主要有五鹿山，海拔1946 m；石头山，海拔1740 m；高天山1820 m。主要河流为黄河、汾河、沁河、昕水河、鄂河等。黄河及其支流汾河、沁河为常流河，其他河流均为季节性河流。主要水库有曲亭水库、洰河水库、小河口水库、浍河水库等。

运城地区北部地处临汾盆地，南有峨嵋岭，中有稷王山，海拔1274 m。峨嵋岭以南为运城盆地，海拔在350～500 m，为全省最低处。东南部是中条山，长达140 km。海拔在1000 m左右，为山西省南部屏障。主要山峰有舜王坪、孤峰山、雪花山、方山、五老峰、稷王山、锥子山、莲花台、紫金山、麻菇山、唐王山、清凉山等。以舜王坪最高，海拔2321 m。其中五老峰是国家级风景区。西与南部边界，黄河环绕，有著名的禹门口天险、三门峡水库。境内共有大小河流30余条，均属黄河水系。最大河流有黄河、汾河、涑水河。本区内水利条件比较好，沿黄河建有马甲口、大禹渡等几处大型提水工程，有水库百余座。全区有泉水13处，多分布在中条山两侧。

三、气候条件

研究区气候四季较分明，包括了温带大陆性季风气候和暖温带大陆性季风气候。夏季受东南湿热气团的影响，表现为温度高，降雨量大，雨热同季，是典型的东亚季风气候特征。温度和降水由南向北逐步降低。冬季则受西伯利亚冷气团的影响，表现为寒冷干燥，且持续时间比较长，该冷气团的影响远较海洋季风强烈，内陆性气候较明显（图2-2至图2-6）。

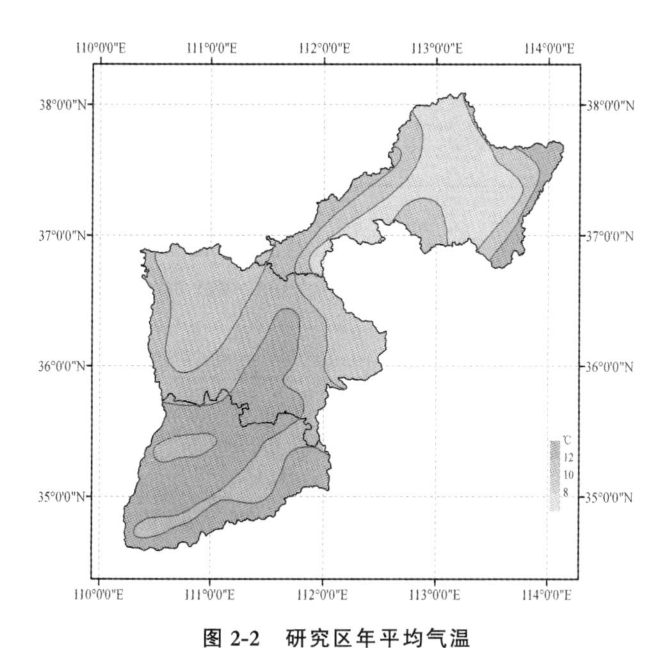

图 2-2　研究区年平均气温

Fig.2-2　Annual average temperature of the study area

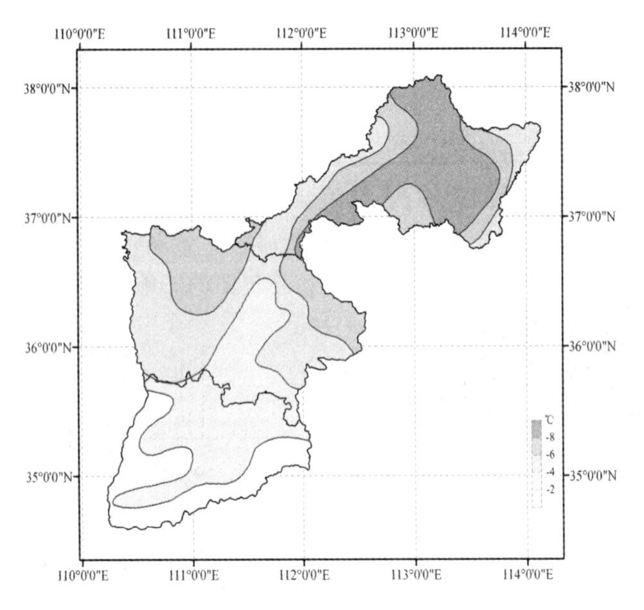

图 2-3 研究区 1 月平均气温

Fig. 2-3 Average temperature of the study area in January

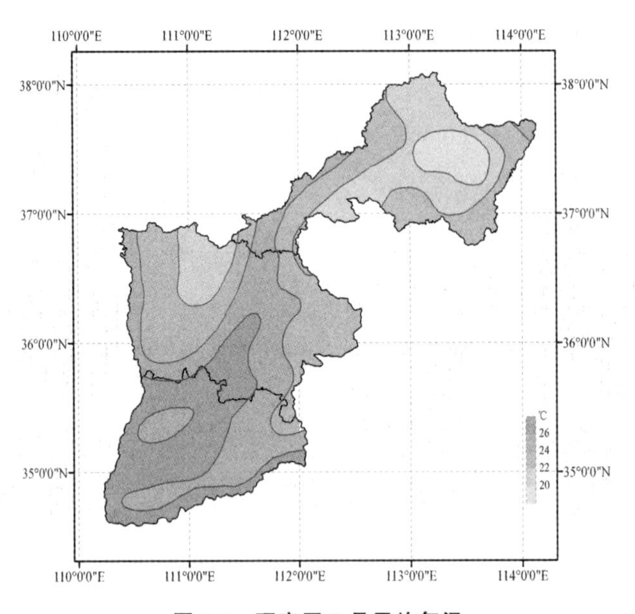

图 2-4 研究区 7 月平均气温

Fig. 2-4 Average temperature of the study area in July

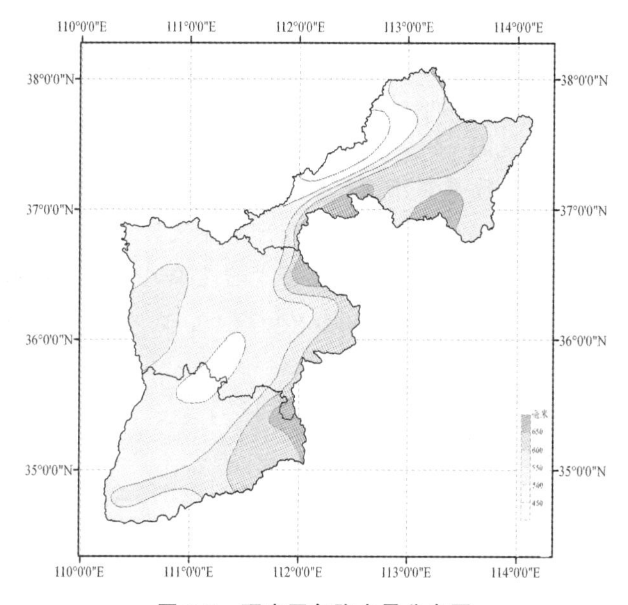

图 2-5　研究区年降水量分布图

Fig. 2-5　Annual precipitation distribution map of the study area

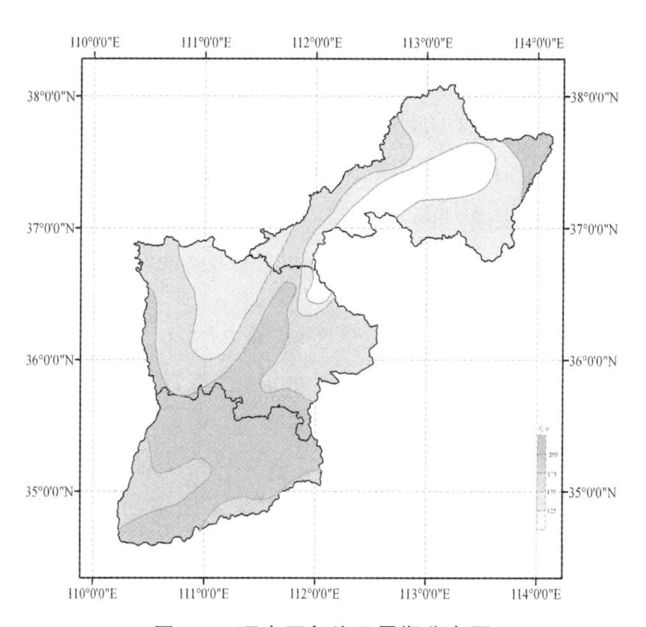

图 2-6　研究区年均无霜期分布图

Fig. 2-6　Annual average frost-free period distribution map of the study area

晋中地区温带大陆性季风气候的特征十分典型。气候特点是:冬季寒冷干燥,夏季炎热多雨;冬夏温差较大,夏季降水集中。在晋中范围内,南北纬度相差不到1.5℃,东西地形差别却很大,所以区内气候东西差异明显,南北变化不大。年平均气温9℃左右,1月平均气温-8~-7℃,7月平均气温23℃左右。年平均降水量约540 mm。降水分布大致是东南多、西北少。种植的农作物主要有冬小麦、玉米、大豆等,其中冬小麦主要分布在晋中市西部平原区县。

临汾地区气候温和,四季分明,属于温带大陆性季风气候。年平均气温10.7℃左右,1月平均气温-4℃,7月平均气温26℃左右。无霜期年均180天。年平均降水量约555 mm。种植的农作物主要有冬小麦、棉花、玉米、水稻等,其中冬小麦主要分布在中部盆地,为山西省冬小麦重点产区之一。

运城地区气候属暖温带大陆性季风型。年均温11.8~13.7℃,1月均温-6~-1℃,7月均温24~28℃。年降水量490~620 mm。年均无霜期186~230天,以垣曲县无霜期最长,为239天。该盆地是山西省小麦、棉花生产基地。主要自然灾害有:干旱,作物生长期平均缺水3300~4275 m^3/hm^2,春夏两季重旱突出。1~6月平均缺水1800~1950 m^3/hm^2,7~9月平均缺水1050~1800 m^3/hm^2;干热风是危害区内小麦生产的主要灾害,10年中有6~8年对小麦造成不同程度减产;东南大风,是由特殊地形和天气条件所形成的,春季对农作物生长危害很大,主要是造成机械损伤,加剧大气和土壤干旱;春季霜冻及冬季冷害对小麦的危害。

各区气温日变化具有一定的规律性,一般最高气温出现在15:00左右,最低气温出现在日出之前。研究区气温日变化同时受到地形的影响,盆地的气温日变化要大于山区的气温日变化(宋晓彦,2013)。

四、土壤类型

研究区横跨温带和暖温带两个气候区域,境内多山,海拔差异较大,所以土壤类型的纬度地带性差异明显而相性规律不很清楚,在纬度区域垂直带建谱土壤类型随基带土壤的差异,呈现规律性变化(徐兆飞,2006)。

山西"十年九旱",且多丘陵、垣台,水旱地区分较为明显。根据山西小麦的种植分布规律,以地形和灌溉条件为基础,水地主要土壤类型有石灰性褐土、栗钙土、潮土、盐化潮土和冲积土等,而旱地主要类型有褐土性土、黄绵土、栗褐土、淡栗褐土、淋溶褐土等。

第二节　冬小麦的生长发育与环境

研究区的运城市、临汾市、晋中市各县种植的均为冬小麦，它们常年的种植面积占山西省小麦种植面积的70%以上，而且产量也占全省小麦产量的将近80%。运城市、临汾市属于南部中熟冬麦区，晋中市则为中部晚熟冬麦区。

图2-7是中南部冬麦区历年产量结构图。

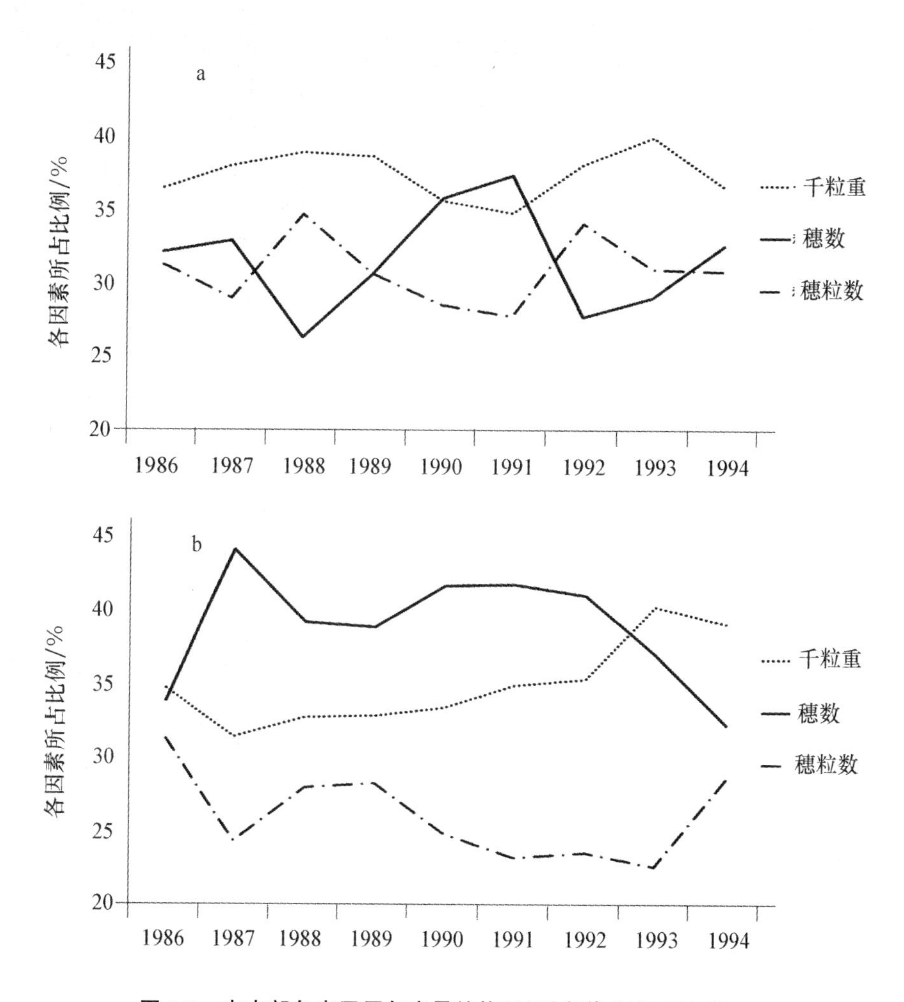

图2-7　中南部冬麦区历年产量结构图(引自徐兆飞,2006)

Fig. 2-7　Yield structure diagram of central and southern winter wheat region over the years

南部冬麦区属黄淮冬麦区的北片。小麦生育期为245～255天，小麦在10月上旬播种，12月10日左右进入越冬期，来年2月中旬返青，3月底起身，5月上旬扬花，6月上、中旬成熟。苗期较长，器官建成期短，籽粒形成、灌浆阶段短，与全国各麦区相比，构成了“一长两短”的明显特征(幼苗期长，器官建立时期短，籽粒形成期短)。运城盆地栽培的小麦品种为冬性和半冬性兼种，春化阶段较短，光照反应迟钝至中度敏感。临汾盆地为冬性品种，春化要求中等，光照反应中度敏感，光照阶段长度中等。在产量结构中，千粒重的作用最大，表现出较高的水平，只有在穗数处于极限时才体现出被支配的地位(图2-7a)。

中部麦区属北方麦区。小麦生育期265天左右，冬季气温低，春季气温回升迟，初夏又有高温。小麦9月下旬播种，11月下旬越冬，3月返青，4月中旬拔节，5月中旬扬花，6月下旬成熟。形成该区小麦阶段发育“一长两短一晚”的生育特性(苗期分蘖期长，植株形成阶段时间短，灌浆期短，成熟晚)。晋中盆地日照时间长，冬季严寒而漫长。冬小麦品种为冬性和强冬性，春化阶段长，对光照反应敏感，光照阶段中等偏长，抗寒抗旱。在产量形成因素中，千粒重对产量的贡献一直处于稳步增长的趋势，受其他两个因素影响不大(图2-7b)。

参考文献

[1] 山西省测绘局. 山西省地图集. 太原：山西省测绘局制印大队，1995.

[2] 宋晓彦. 山西省蜜源植物花粉形态与蜂蜜孢粉学研究. 北京：中国农业大学出版社，2013.

[3] 徐兆飞. 山西小麦. 北京：中国农业出版社，2006.

第三章　遥感数据源及数据处理方法

随着遥感技术的发展，遥感图像在农作物长势监测和产量估测上的应用越来越广泛(Liu 等，2006；Sergio 等，2006；Labus 等，2002；江东等，2002；Vellidis 等，2004；Thenkabail，2003；Manjunath 等，2002；Thomas 等，2004；赵庚星等，2001；童庆禧等，2004)，如何提高估测精度将成为研究的重点，因而使多遥感器、多时相遥感数据的定标、大气辐射纠正和地表物理量反演方法的研究越来越受到重视(朱秀芳等，2007)，如何确定农作物类别和空间分布成为长势监测和产量估测研究的关键。

农作物种植面积提取是建立在对遥感影像校正的基础上的，遥感影像校正的精度直接影响着农作物种植面积提取的精度。目前，遥感信息的定量化研究极大地推动了大气校正方法的发展(Gu 等，2005)。国内外的学者对遥感影像的大气校正和几何校正进行了大量的研究(Kaufman 等，1980；Liang 等，2001；Caims 等，2003；Chen 等，2005；宋晓宇等，2005；刘小平等，2005)。本章从遥感数据源的选择、图形图像处理及分析等方面进行研究，为冬小麦种植面积提取奠定基础。

第一节　遥感数据源

目前，应用于农作物遥感监测的数据源大体分为地面、航空和航天三个方面，本书主要涉及地面和航天两方面的遥感数据源。

一、地面遥感数据源

地面遥感数据源主要是通过安装在地面平台上的多光谱或高光谱测量仪器来获得。其测量过程在时间上和空间上都较为灵活，受大气影响微弱(黄文江，2009)。地物光谱测量仪具有较高的光谱分辨率，操作简单，便于进行光谱规律分析和模型构建，在农作物长势监测中得到了广泛的应用。目前，研究中多使用的是美国 Cropscan 公司生产的 MSR-16 型便携式多光谱辐射仪和美国 ASD (Analytical Spectral Device)公司生产的 FieldSpec 3 高光谱辐射仪。

二、航天遥感数据源

航天遥感是利用卫星平台的行进和旋转扫描系统对与平台垂直方向的地面进行扫描，获得二维遥感数据，按照一定的格式组织数据并传回地面接收站（何勇，2010）。目前随着航天遥感技术的发展和成熟，各种各样的遥感平台为农作物监测提供了丰富的数据源。不同的遥感数据在空间分辨率、光谱分辨率、时间采集频率方面有着较大的差别，表 3-1 列出了目前主流卫星传感器的基本信息。可以根据不同的研究目的选择相适应的遥感影像数据。

表 3-1　主流卫星传感器基本信息

Tab. 3-1　Basic information of mainstream satellite sensors

<table>
<tr><th>卫星名称</th><th>所属国家或组织</th><th>传感器名称</th><th>波段号/名称</th><th>波长/μm</th><th>空间分辨率/m</th><th>幅宽/km</th><th>重访周期/天</th><th>分发方式</th></tr>
<tr><td rowspan="11">CBERS-01/02</td><td rowspan="11">中国与巴西</td><td rowspan="5">CCD 相机</td><td>B01</td><td>0.450～0.520</td><td rowspan="5">19.5</td><td rowspan="5">113</td><td rowspan="9">16</td><td rowspan="11">免费</td></tr>
<tr><td>B02</td><td>0.520～0.590</td></tr>
<tr><td>B03</td><td>0.630～0.690</td></tr>
<tr><td>B04</td><td>0.770～0.890</td></tr>
<tr><td>B05</td><td>0.510～0.730</td></tr>
<tr><td rowspan="4">红外多光谱扫描仪（IRMSS）</td><td>B06</td><td>0.500～0.900</td><td rowspan="3">78</td><td rowspan="4">119.5</td></tr>
<tr><td>B07</td><td>1.550～1.750</td></tr>
<tr><td>B08</td><td>2.080～2.350</td></tr>
<tr><td>B09</td><td>10.400～12.500</td><td>156</td></tr>
<tr><td rowspan="2">宽视场成像仪（WFI）</td><td>B10</td><td>0.630～0.690</td><td rowspan="2">258</td><td rowspan="2">890</td><td rowspan="2">5</td></tr>
<tr><td>B11</td><td>0.770～0.890</td></tr>
<tr><td rowspan="8">CBERS-02B</td><td rowspan="8">中国与巴西</td><td rowspan="5">CCD 相机</td><td>B01</td><td>0.450～0.520</td><td rowspan="5">20</td><td rowspan="5">113</td><td rowspan="5">26</td><td rowspan="8">免费</td></tr>
<tr><td>B02</td><td>0.520～0.590</td></tr>
<tr><td>B03</td><td>0.630～0.690</td></tr>
<tr><td>B04</td><td>0.770～0.890</td></tr>
<tr><td>B05</td><td>0.510～0.730</td></tr>
<tr><td>高分辨率相机（HR）</td><td>B06</td><td>0.500～0.800</td><td>2.36</td><td>27</td><td>104</td></tr>
<tr><td rowspan="2">宽视场成像仪（WFI）</td><td>B07</td><td>0.630～0.690</td><td rowspan="2">258</td><td rowspan="2">890</td><td rowspan="2">5</td></tr>
<tr><td>B08</td><td>0.770～0.890</td></tr>
<tr><td rowspan="4">CBERS-03/04</td><td rowspan="4">中国与巴西</td><td rowspan="4">全色多光谱相机（PAN）</td><td>B01</td><td>0.510～0.850</td><td>5</td><td rowspan="4">60</td><td rowspan="4">32</td><td rowspan="4">免费</td></tr>
<tr><td>B02</td><td>0.520～0.590</td><td rowspan="3">10</td></tr>
<tr><td>B03</td><td>0.630～0.690</td></tr>
<tr><td>B04</td><td>0.770～0.890</td></tr>
</table>

续表 3-1

卫星名称	所属国家或组织	传感器名称	波段号/名称	波长/μm	空间分辨率/m	幅宽/km	重访周期/天	分发方式
CBERS-03/04	中国与巴西	多光谱相机(MUX)	B05	0.450～0.520	20	120	26	免费
			B06	0.520～0.590				
			B07	0.630～0.690				
			B08	0.770～0.890				
		红外多光谱相机(IRS)	B09	0.760～0.900	40	120		
			B10	1.550～1.750				
			B11	2.080～2.350				
			B12	10.40～12.50	80			
		宽视场成像仪(WFI)	B13	0.520～0.590	73	866	5	
			B14	0.630～0.690				
			B15	0.770～0.890				
			B16	1.550～1.750				
HJ-1A	中国	CCD 相机	B01	0.430～0.520	30	700(两台)	4	免费
			B02	0.520～0.600				
			B03	0.630～0.690				
			B04	0.760～0.900				
		高光谱成像仪	—	0.450～0.950(110～128 个谱段)	100	50		
HJ-1B	中国	CCD 相机	B01	0.430～0.520	300	360(单台)700(两台)	4	免费
			B02	0.520～0.600				
			B03	0.630～0.690				
			B04	0.760～0.900				
		红外多光谱相机	B05	0.750～1.100	150	720		
			B06	1.550～1.750				
			B07	3.500～3.900				
			B08	10.50～12.50	300			
北京一号小卫星	中国	CCD 相机	B1	0.523～0.605	32	600	/	付费
			B2	0.630～0.690				
			B3	0.774～0.900				
		全色波段	Pan	0.500～0.900	4	24		

续表 3-1

卫星名称	所属国家或组织	传感器名称	波段号/名称	波长/μm	空间分辨率/m	幅宽/km	重访周期/天	分发方式
SPOT-4	法国	HRVIR1	XS1	0.500～0.590	20	60	26	付费
			XS2	0.610～0.680				
			XS3	0.780～0.890				
			SWIR	1.580～1.750				
			M	0.610～0.680	10			
		HRVIR2	XS1	0.500～0.590	20			
			XS2	0.610～0.680				
			XS3	0.780～0.890				
			SWIR	1.580～1.750				
			M	0.610～0.680	10			
		VEGETATION	B0	0.430～0.470	1150	2250		
			B1	0.610～0.680				
			B2	0.780～0.890				
			SWIR	1.580～1.750				
SPOT-5	法国	HRG1	XS1	0.495～0.605	10	60	26	付费
			XS2	0.617～0.687				
			XS3	0.780～0.893				
			SWIR	1.580～1.750	20			
			HMA	0.475～0.710	2.5或5			
			HMB	0.475～0.710				
		HRG2	XS1	0.495～0.605	10			
			XS2	0.617～0.687				
			XS3	0.780～0.893				
			SWIR	1.580～1.750	20			
			HMA	0.475～0.710	2.5或5			
			HMB	0.475～0.710				
		HRS	HRS1	0.490～0.690	10	120		
			HRS2	0.490～0.690				
		VEGETATION	B0	0.43～0.470	1000	2250		
			B1	0.61～0.680				
			B2	0.78～0.890				
			SWIR	1.58～1.750				

续表 3-1

卫星名称	所属国家或组织	传感器名称	波段号/名称	波长/μm	空间分辨率/m	幅宽/km	重访周期/天	分发方式
LAND-SAT-5	美国	专题成像传感器(TM)	Band1	0.450～0.520	30	185	16	免费
			Band2	0.520～0.600				
			Band3	0.630～0.690				
			Band4	0.760～0.900				
			Band5	1.550～1.750				
			Band6	10.400～12.500	120			
			Band7	2.080～2.350	30			
		MSS	Band1	0.500～0.600	80			
			Band2	0.600～0.700				
			Band3	0.700～0.800				
			Band4	0.800～1.100				
Quick-Bird	美国	Multispectral	Blue	0.450～0.520	2.44	16.5	1～6	付费
			Green	0.520～0.600				
			Red	0.630～0.690				
			Near-IR	0.760～0.900				
		Panchromatic	Panchro	0.450～0.900	0.61			
IKONOS	美国	Multispectral	Ban1	0.450～0.530	4	11	3	付费
			Ban2	0.520～0.610				
			Ban3	0.640～0.720				
			Ban4	0.770～0.880				
		Panchromatic	Panchro	0.450～0.900	1			
TERRA	美国	ASTER VNIR	Ban1	0.520～0.600	15	60	16	付费
			Ban2	0.630～0.690				
			Ban3 madir	0.760～0.860				
			Band3 backward	0.760～0.860 30	30			
		ASTER SWIR	Band4	1.600～1.700				
			Band5	2.145～2.185				
			Band6	2.185～2.225				
			Band7	2.235～2.285				
			Band8	2.295～2.365	90			
			Band9	2.360～2.430				

续表 3-1

卫星名称	所属国家或组织	传感器名称	波段号/名称	波长/μm	空间分辨率/m	幅宽/km	重访周期/天	分发方式
		ASTER TIR	Band10	8.125～8.475	90	60	16	付费
			Band11	8.475～8.825				
			Band12	8.925～9.275				
			Band13	10.250～10.950				
			Band14	10.950～11.650				
ALOS	日本	AVNIR-2	Band1	0.420～0.500	10	70	2	付费
			Band2	0.520～0.600				
			Band3	0.610～0.690				
			Band4	0.760～0.890				
		PRISM	PAN	0.520～0.770	2.5			
Cartosat-1 (IRS-P5)	印度	PAN-F	PAN	0.500～0.850	2.5	25	5	付费
		PAN-A	PAN	0.500～0.850				
Pesour-cesat-1	印度	LISS-Ⅲ	Band1	0.520～0.590	23.5	141	24	付费
			Band2	0.620～0.680				
			Band3	0.770～0.860				
			Band4	1.550～1.700				
		LISS-Ⅳ	Band1	0.520～0.590	5.8	70	5	
			Band2	0.620～0.680				
			Band3	0.770～0.860				
		AWIFS	Band1	0.620～0.680	70	737	5	
			Band2	0.770～0.860				
			Band3	1.550～1.700				
GeoEye-1	美国	GISMS	Blue	0.450～0.510	1.65	15.2	2～3	付费
			Green	0.510～0.580				
			Red	0.655～0.690				
			NIR	0.780～0.920				
		GISPAN	PAN	0.450～0.800	0.41			
EO-1	美国	ALI	PAN	0.480～0.690	10	185	16	免费
			MS-1′	0.433～0.453	30			
			MS-1	0.450～0.515				
			MS-2	0.525～0.605				
			MS-3	0.630～0.690				
			MS-4	0.775～0.805				

续表 3-1

卫星名称	所属国家或组织	传感器名称	波段号/名称	波长/μm	空间分辨率/m	幅宽/km	重访周期/天	分发方式
			MS-4′	0.845～0.890				
			MS-5′	1.200～1.300				
			MS-5	1.550～1.750				
			MS-7	2.080～2.350				
EOS Terra & Aqua	美国	ASTER VNIR	Band1	0.520～0.600	15	60	16	特定用户免费
			Band2	0.630～0.690				
			Band3 nadir	0.760～0.860				
			Band3 backward	0.760～0.860				
		ASTER SWIR	Band4	1.600～1.700	30			
			Band5	2.145～2.185				
			Band6	2.185～2.225				
			Band7	2.235～2.285				
			Band8	2.295～2.365				
			Band9	2.360～2.430				
		ASTER TIR	Band10	8.125～8.475	90			
			Band11	8.475～8.825				
			Band12	8.925～9.275				
			Band13	10.250～10.950				
			Band14	10.950～11.650				
		中等分辨率成像光谱仪(MODIS)	B1	0.620～0.670	250	2330	1～2	免费
			B2	0.841～0.876				
			B3	0.459～0.479	500			
			B4	0.545～0.565				
			B5	1.230～1.250				
			B6	1.628～1.652				
			B7	2.105～2.135				
			B8	0.405～0.420	1000			
			B9	0.438～0.448				
			B10	0.483～0.493				
			B11	0.526～0.536				
			B12	0.546～0.556				

续表 3-1

卫星名称	所属国家或组织	传感器名称	波段号/名称	波长/μm	空间分辨率/m	幅宽/km	重访周期/天	分发方式
EOS Terra& Aqua	美国	中等分辨率成像光谱仪(MODIS)	B13	0.662～0.672	1000	2330	1～2	免费
			B14	0.673～0.683				
			B15	0.743～0.753				
			B16	0.862～0.877				
			B17	0.890～0.920				
			B18	0.931～0.941				
			B19	0.915～0.965				
			B20	3.660～3.840				
			B21	3.929～3.989				
			B22	3.929～3.989				
			B23	4.020～4.080				
			B24	4.433～4.498				
			B25	4.482～4.549				
			B26	1.360～1.390				
			B27	6.535～6.895				
			B28	7.175～7.475				
			B29	8.400～8.700				
			B30	9.580～9.880				
			B31	10.780～11.280				
			B32	11.770～12.270				
			B33	13.185～13.485				
			B34	13.485～13.785				
			B35	13.785～14.085				
			B36	14.085～14.385				
PROBA-1	欧空局	CHRIS	MODE1	0.411～0.997	34	14	7	特定用户免费
			MODE2	0.411～1.019	17			
			MODE3	0.422～1.019				
			MODE4	0.489～0.792				
			MODE5	0.442～1.019				

续表 3-1

卫星名称	所属国家或组织	传感器名称	波段号/名称	波长/μm	空间分辨率/m	幅宽/km	重访周期/天	分发方式
PAPID-EYE（5X）	德国	RELS	Blue	0.440～0.510	5	77	5.5	付费
			Green	0.520～0.590				
			Red	0.630～0.685				
			Rededge	0.690～0.730				
			NIR	0.760～0.850				
World-View-1	美国	WV60	Panchro	0.450～0.900	0.45	16	5	付费
ORBVI-EW3	美国	Panchromatic	PAN	0.450～0.900	1	8	10	付费
		Multispectral	Band1	0.450～0.520	4			
			Band2	0.520～0.600				
			Band3	0.625～0.695				
			Band4	0.760～0.900				
ORBVIE-W5	美国	Panchromatic	PAN	0.450～0.900	0.41	15.2		付费
		Multispectral	Band1	0.450～0.520	1.64			
			Band2	0.520～0.600				
			Band3	0.625～0.695				
			Band4	0.760～0.900				

引自黄文江，2009.

本研究所使用的遥感数据为陆地卫星 Landsat TM5 数据、8 天合成的 MODIS LSR 数据和 8 天合成的陆地表面温度数据 MOD11A2 以及 Strm 数据。

TM5 数据具有较高空间分辨率和光谱分辨率，除第 6 波段外，其余 6 个波段的空间分辨率均为 30 m。

MODIS LSR 数据在作物长势监测中有着 TM、NOAA/AVHRR 无法比拟的优势，其具有较高的时间分辨率、高光谱分辨率以及适中的空间分辨率等特点。本研究采用 LPDAAC 提供的 8 天合成的 MODIS LSR 数据，空间分辨率为 250 m×250 m，以及 8 天合成的 MODIS LST 数据，空间分辨率为 1 km×1 km，时间为 2006 年、2007 年和 2009 年 1～7 月。

本研究采用的 Strm 数据来源于 CGIAR-CSI，空间分辨率为 90 m×90 m，绝对垂直精度为 16 m，置信度为 90%。

三、地面数据采集

(一)矢量数据采集

利用 CD 91200L 数字化仪对研究地区边界图和行政分区图等进行矢量化,用手持式 Tato108 GPS 型定位导航仪测定取样点的经纬度和地面控制点(GCP, Ground Control Point)。

(二)地面光谱数据采集

选用美国 ASD(Analytical Spectral Device)公司的 ASD FieldSpec3 光谱仪,其 350～1000 nm 的光谱采样间隔为 1.4 nm,光谱分辨率为 3 nm;1000～2500 nm 的光谱采样间隔为 2 nm,光谱分辨率为 10 nm。晴朗无风的天气条件下,测量时间为 10:00～14:00。受大气和周围环境的影响,本研究选用 350～1600 nm 波段。

光谱测量时,传感器探头垂直向下,距花盆小麦冠层顶部约 0.3 m。每个花盆光谱采样,每次测量 10 次,计算平均值作为该处理的光谱数据。测量中要及时进行白板校正(即所得到的目标物光谱反射率是相对反射率),对每组目标的观测前后均以参考板标定。

(三)地理信息背景资料

晋中、运城、临汾地区土地利用详查资料;

晋中、运城、临汾地区土地变更资料;

晋中、运城、临汾地区 1:200000 行政区划图;

晋中、运城、临汾地区农作物种植区划图。

第二节　图形图像处理技术

一、GIS 建库

GIS 建库有两个目的:一是用 GIS 空间数据的投影坐标纠正配准遥感图像,使其有正确的几何位置和空间投影;二是建立的 GIS 信息库可用于辅助解译图像信息。通过图形编码、数字化、编辑、拓扑生成、属性赋值等过程,生成冬小麦种植面积的空间数据库。

(一)图形矢量化

在 ArcView 的支持下,研究区域图形的数字化采用手扶式数字化扫描仪进行跟踪数字化,形成矢量文件,在 ArcView 中进行编辑。

由于冬小麦的种植受到自然和地理环境的制约,在海拔高的地区冬小麦几乎不种植或极少种植,利用等高线合成研究区域 DEM 图,并制成研究区域三维遥感图像,可以帮助后期人机交互解译冬小麦种植面积。

(二)建立属性数据库

在 ArcGIS 中各图层均自带一个属性数据表,根据需要编辑字段和内容,各图层还可以通过公有字段建立图层属性表间的连接,以便于分析和显示。把研究区域各县市、乡镇名以及经纬度作为属性数据录入相应图层的属性表中。空间数据库建库流程如图 3-1 所示。

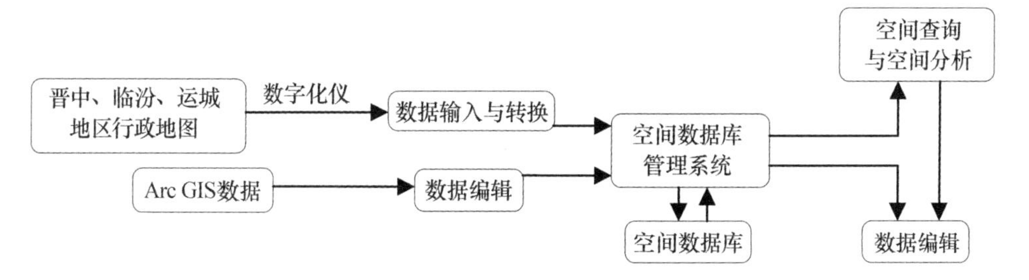

图 3-1 空间数据库建库流程图

Fig. 3-1 Flow chart showing spatial database construction

二、空间分析方法

(一)空间多层面叠加分析

叠加分析是空间分析的常用方法,在统一地理坐标系的控制下,通过前后两个时相或多个时相冬小麦分布图的叠加可以十分明显地反映冬小麦的增减状况(赵庚星等,2001)。采用多矢量图层的叠加可以将不同属性信息的矢量图融合为一层,从而使多边形的属性更新。采用 ArcToolbox 中的 Overlay-Intersect 得到相交图层。

（二）表面模型

运用不规则三角网 TIN（Triangulated Irregular Network）形式，即利用有限离散点每三个最邻近点连接成三角形，每个三角形代表一个局部平面，再根据每个平面方程，计算格网格点高程，生成 DEM（Digital Elevation Model），再与 TM 遥感影像生成研究区 3D 图像。在 ArcScene 中利用 3D analyst 工具中 Creat/Modify TIN—Creat TIN from features 命令生成三角网格式，再由 TIN 转换成 DEM。

（三）表面分析

表面分析是对现有的表面进行一些特定的运算，生成新的数据和识别模式，从而提取更多的信息。

三、图像处理技术

（一）大气校正

由于空中遥感器在获取信息过程中受到大气分子、气溶胶和云粒子等大气成分吸收与散射的影响，使其获取的遥感信息中带有一定的非目标地物的成像信息，数据预处理的精度达不到定量分析的要求。消除这些大气的影响，从而获取精确的地面反射率信息是遥感定量分析的关键，也是进行遥感影像预处理的一个重要环节。

就太阳反射光谱区的遥感数据而言，大气辐射校正和反射率反演方法研究的目的就是将这些卫星遥感定标后的表观辐亮度转换为反映地物真实信息的地表反射率（王秀云等，2006）。

本研究采用大气校正模块 FLAASH（Fast Line-of-sight Atmospheric Analysis of Spectral Hypercubes）对 TM 遥感影像进行大气校正，如图 3-2 所示。

（二）图像镶嵌

由于研究区域分别处于 26 和 27 轨道的 MODIS 影像上（图 3-3），因此需要对图像进行镶嵌处理，形成包括整个研究区的 MODIS 影像，以便于统一处理、解译、分析和研究。而 26 和 27 轨道的 MODIS 影像其边缘地理坐标是吻合的，因此利用 ENVI 软件提供的地理坐标定位的 Mosaicking 方法进行图像镶嵌，利用 Edge Feathering 功能进行边缘羽化。图 3-4 为镶嵌后的 MODIS 影像。

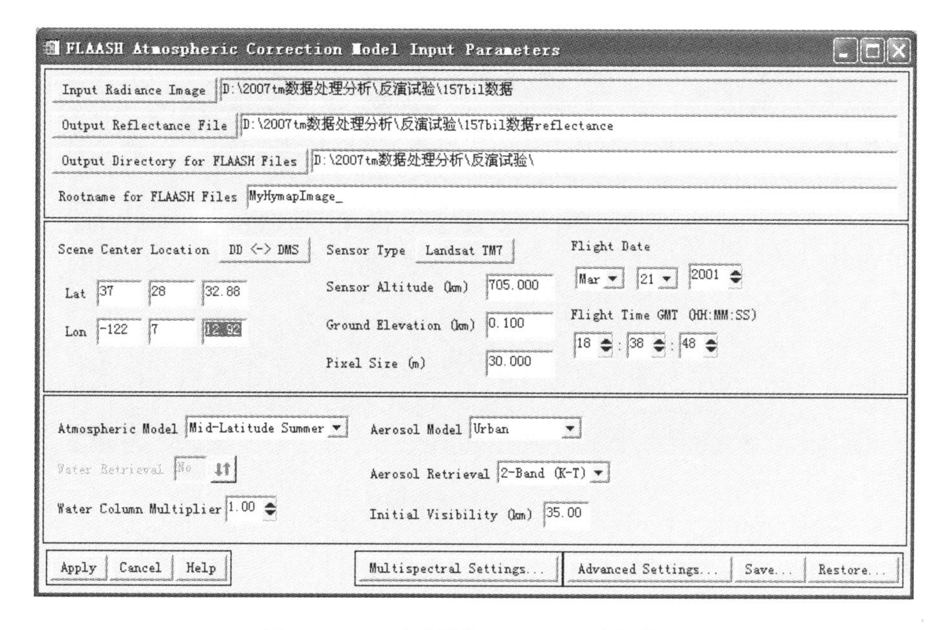

图 3-2 TM 遥感影像 FLAASH 大气校正

Fig. 3-2 Atmospheric correction on TM Satellite image using FLAASH model

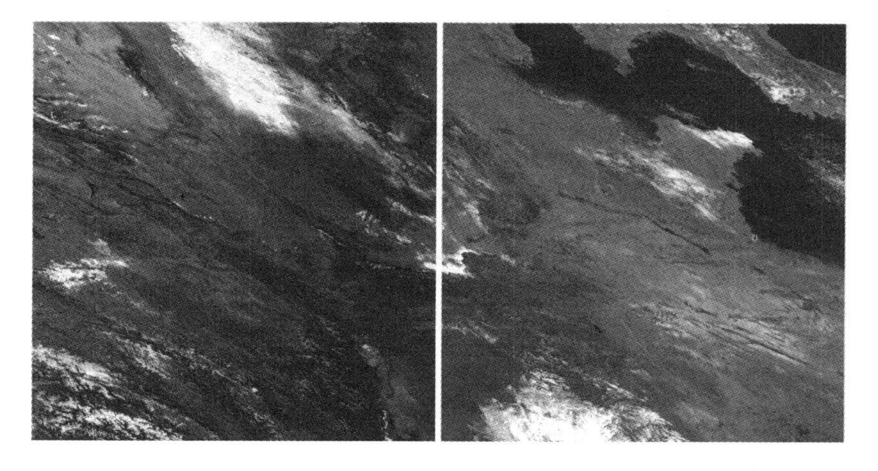

图 3-3 轨道 26、27 的影像(镶嵌之前)

Fig. 3-3 The images of 26 and 27(unmosaiced)

图 3-4 镶嵌后的影像

Fig. 3-4 The mosaiced image(uncorrected and non-projectioned)

(三)几何校正

TM 遥感影像利用研究区 1∶100000 地形图进行几何粗校正,然后利用地面实测的 GPS 控制点进行几何精校正,确保其误差小于一个像元。而 MODIS 数据则利用其自身头文件携带的经纬度坐标信息进行校正,使图像还原为实际的情况。本试验采用 Cubic Convolution 方法进行重采样,采用的坐标系为 1980 年西安坐标系(西安大地原点)。它采用了椭球参数精度较高的 IAG-75 椭球,能更好地代表和描述地球的几何形状和物理特征。

(四)投影变换

本研究采用高斯-克吕格投影(Gauss-Kruger Projection),6 度分带。我国 1∶50 万和更大比例尺地形图,统一采用高斯—克吕格投影。图 3-5 为几何校正和投影变换后的影像。

(五)研究区域提取

将研究区矢量图输入 ENVI 中经投影变换到和 TM 数据具有统一的坐标系中,利用 ENVI 的 MASK 功能将其制成整个研究地区的区域模板,模板中研究区范围内为 1,范围外为 0。应用模板对 TM 数据进行裁剪,得到研究区域的 TM 数据影像资料,存储为 ENVI 标准文件。但由于 MODIS 数据分辨率以及图像的行

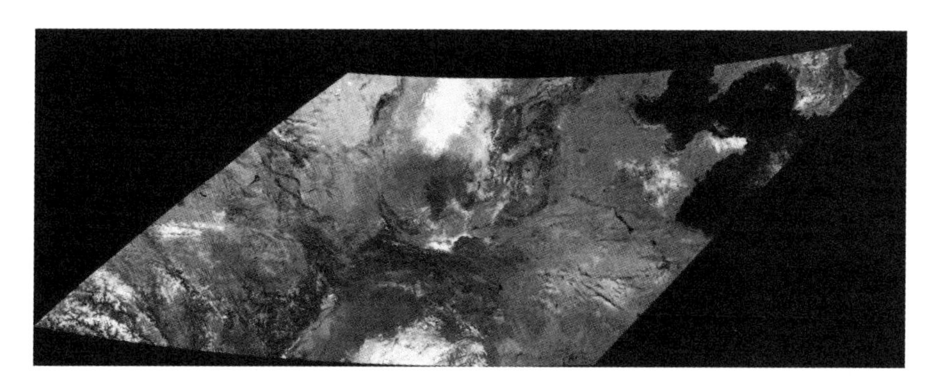

图 3-5 几何校正、投影变换之后的影像
Fig.3-5 The corrected and projectioned image

列数与 TM 数据有很大的区别,因此需要对 MODIS 数据进行模板重建。

(六)图像增强

由于各种卫星所提供的图像信息多是以地物反射的亮度来进行显示和输出的,但是人的眼睛对于亮度的分辨能力不强,无法分辨亮度之间的细微差别,因此必须对所要应用的图像进行适当的图像增强处理才能在后期的处理中提高目视解译的质量,其中图像的多波段合成就是最有效的方法之一。TM 图像共有七个波段,每个波段包含的信息量大小不同,各波段之间的相关性也不同,而这些都影响着波段组合分析和应用。故用随机试验的方法决定波段组合是不足取的。另外从七个波段中选取三个波段组合,共有 35 种组合,而每种组合还可以有 6 种不同的排列顺序。因此,想要通过一一试验来选取是相当困难的。目前,评价各种组合优劣的方法较多,但最为常用的有最佳指数因子法和雪氏熵值法。本项试验选择最佳指数因子法。最佳指数因子法(optimum index factor,OIF)是 Chavez 等在 1982 年提出的,目前在波段选择时被广为采用。该方法主要考虑两个基本方面:一是组合波段的信息量最大;二是波段间的相关性最小。其计算公式为:

$$\mathrm{OIF}=\sum_{i=1}^{3}SD_i\sum_{i=1}^{3}|CC_I|$$

式中,OIF 为最佳指数因子值;SD_i 为第 i 个波段的标准差;CC_i 为三个波段中任意两个间的相关系数值。

根据上述公式计算研究区 TM 图像数据的最佳指数因子值。一般而言,OIF 值最大的一组即是最佳波段组合。

第三节 GIS 建库与图像处理

一、GIS 建库与 3D 遥感图像分析

表 3-2 和表 3-3 是部分 GIS 属性数据库。表 3-2 是利用数据库模块建立的等高线编码数据库简表,表 3-3 是研究区部分采样点地理位置和空间坐标简表,通过属性数据库与相应的空间数据库之间的联系,可以从地理信息系统中便捷的查询到所要寻找的地物类型的面积、周长、地理坐标、海拔高程以及冬小麦长势和分布情况等信息。

利用属性数据表插值生成 Tin 文件,再利用 Tin 文件和 TM 影像生成研究区 3D 图像,但由于处理的数据较为庞大,因此对晋中、临汾和运城 3 个地区分别进行 3D 制图(图 3-6 至图 3-8,另见彩图 3-6 至彩图 3-8)。从 3D 图像中可以直观地看出,研究区域冬小麦主要分布在汾河流域平川地段,部分冬小麦分布于丘陵和垣台地区。同时可以利用 GIS 提供的空间查询功能较容易地获取研究区域任意点的坡度、坡向和高程等数据;并且在 GIS 中可以利用各种图层之间的叠加剔除非冬小麦种植区域以及查询分析与地形地势有关的数据资料。

表 3-2 等高线编码数据简表

Tab.3-2 Abridged table of contour coding data

FID	形状	ID	海拔/m	FID	形状	ID	海拔/m
1	折线	0	500	11	折线	10	900
2	折线	1	500	12	折线	11	1500
3	折线	2	700	13	折线	12	1100
4	折线	3	900	14	折线	13	1700
5	折线	4	700	15	折线	14	1300
6	折线	5	500	16	折线	15	700
7	折线	6	1100	17	折线	16	1900
8	折线	7	1300	18	折线	17	1300
9	折线	8	300	19	折线	18	1500
10	折线	9	500	20	折线	19	500

表 3-3 研究区部分采样点地理位置与空间坐标属性数据库简表

Tab. 3-3 Abridged table of geographic location and space coordinates attribute database

FID	形状	ID	样点名称	所属	x 坐标	y 坐标
1	点	0	白圭村	晋中市祁县	630714	4142732
2	点	0	东陶村	晋中市平遥	606121	4120848

续表 3-3

FID	形状	ID	样点名称	所属	x 坐标	y 坐标
3	点	0	石河村	晋中市介休	583960	4100285
4	点	0	集广村	晋中市灵石	579197	4084702
5	点	0	金壁村	临汾市霍州	572259	4050382
6	点	0	万安村	临汾市洪洞	552571	4018692
7	点	0	东关村	临汾市襄汾	525412	3966382
8	点	0	下院村	临汾市曲沃	551902	3965940
9	点	0	云唐村	临汾市翼城	559265	3953044
10	点	0	大里村	临汾市侯马	533303	3950448
11	点	0	北张村	运城市新绛	509481	3954120
12	点	0	史思庄村	运城市河津	477281	3941991
13	点	0	吴城村	运城市稷山	492253	3938757
14	点	0	聚善村	运城市万荣	489926	3924218
15	点	0	蔺家庄村	运城市闻喜	511582	3916081
16	点	0	张金村	运城市盐湖	501711	3888615
17	点	0	西晋村	运城市夏县	515848	3903638
18	点	0	介峪口村	运城市永济	444656	3855570

图 3-6 晋中市 TM 遥感影像 3D 图

Fig. 3-6 3D TM image of remote sensing in Jinzhong

图 3-7 临汾市 TM 遥感影像 3D 图

Fig. 3-7 3D TM image of remote sensing in Linfen

图 3-8 运城市 TM 遥感影像 3D 图

Fig. 3-8 3D TM image of remote sensing in Yuncheng

二、遥感图像处理结果与分析

(一)大气校正图像分析

图 3-9 为 TM 影像冬小麦光谱 FLAASH 大气校正结果比较,从图 3-9a(校正前)中可以看出,光谱中最突出的大气特征是在蓝波段辐射率明显高于绿波段,与近红外波段差异不太明显,这是因为大气散射的选择性,即它对短波影响大,对长波影响小。而精确的大气校正能够对这种现象进行弥补,从而生成更真实的地面反射率光谱。图 3-9b(校正后)冬小麦反射率曲线可以看出,在绿光波段的反射率形成峰值,明显高于蓝光和红光波段的反射率,而叶绿素的吸收主要是在红波段,明显的红边导致了在近红外波段有较高的反射率。经大气校正后,地物在可见光波段的地表反射率明显减小,而在近红外和短波红外的地表反射率增大。消除大气效应,有助于地物真实光谱信息的提取及地物识别研究。

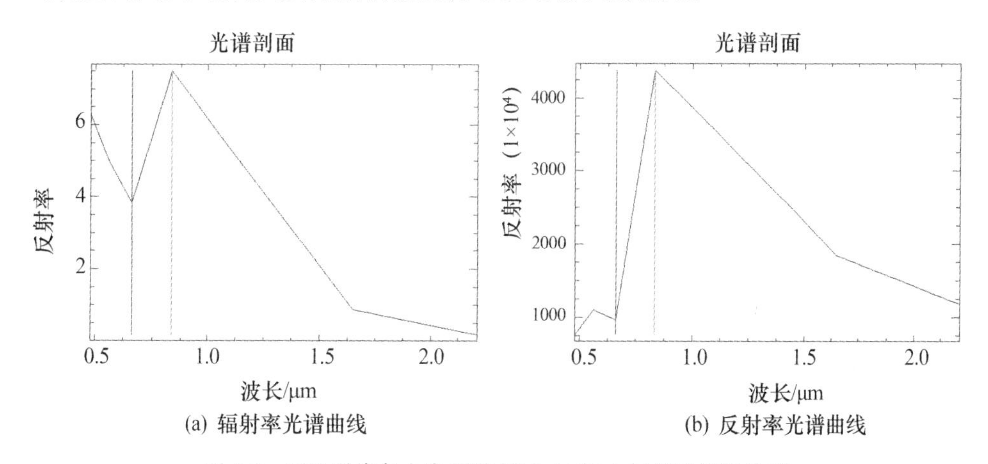

图 3-9 TM 影像冬小麦光谱 FLAASH 大气校正结果比较

Fig. 3-9 Winter wheat spectrum curve of TM image after using FLAASH atmospheric correction

为进一步评价和验证 FLAASH 模型对 TM 大气辐射校正的效果,对校正前后的 NDVI 进行统计分析(图 3-10)。水汽、气溶胶和大气点扩散效应校正后 NDVI 明显增大,校正前后 NDVI 平均值为 0.016167 和 0.252341,NDVI 标准偏差(Stdev)为 0.108592 和 0.136860。

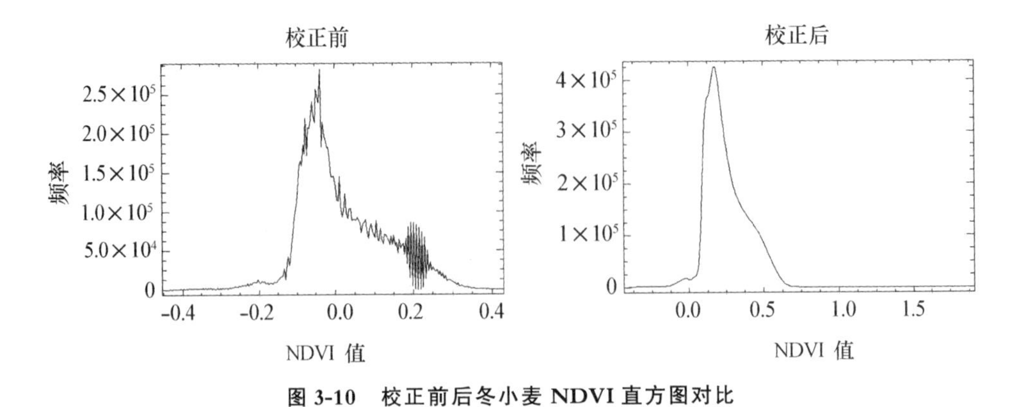

图 3-10 校正前后冬小麦 NDVI 直方图对比

Fig.3-10 Contrast of winter wheat NDVI histograms uncorrection and atmospheric correction

(二)TM 图像统计特征与最佳组合波段选取

1.TM 图像波段相关性分析

本研究所用的 TM 图像 6 个波段(第六波段除外)之间的相关性如表 3-4 所示,由表可以看出,TM1 和 TM2、TM3,TM2 和 TM3,TM5 和 TM7 都具有很高的相关系数,在 0.9 以上;TM4 波段比较独立,它与其他 5 个波段的相关性都较低;TM3 和 TM2 的相关性最高,达到 0.966528,其次是 TM7 与 TM5、TM2 和 TM1、TM3 和 TM1 波段,TM3 与 TM4 的相关性最小。

表 3-4 TM 图像波段相关性分析

Tab.3-4 The correlation coefficients of TM bands

波段 Band	Band 1	Band 2	Band 3	Band 4	Band 5	Band 7
Band 1	1.000000	0.955311	0.911703	0.312203	0.604034	0.658367
Band 2	0.955311	1.000000	0.966528	0.373780	0.664752	0.712689
Band 3	0.911703	0.966528	1.000000	0.286971	0.717364	0.785216
Band 4	0.312203	0.373780	0.286971	1.000000	0.513544	0.330402
Band 5	0.604034	0.664752	0.717364	0.513544	1.000000	0.964398
Band 7	0.658367	0.712689	0.785216	0.330402	0.964398	1.000000
均值 Mean	1082.269560	1522.335869	1801.435522	3034.079258	2530.897703	2214.327873
标准差 Stdev	330.008697	397.266805	485.847147	708.200799	560.756136	604.383449

2. 最佳波段组合选取

表 3-5 为 6 个波段的 20 种不同组合及 OIF 值运算结果。从表中可以看到，TM3/4/7 组合的 OIF 值最高，另外 TM1/4/7、TM3/4/5、TM2/4/7 这 3 种组合效果也很好。TM1/2/3、TM1/2/7、TM1/3/7 3 种组合信息重叠较多，不能较好反映地物光谱差异及组合后的视觉色差。同时由于 TM 影像中第 7 波段对植物胁迫分析、土壤湿度有用；第 4 波段可确定植物的类型、活力以及生物量；第 3 波段能帮助进行植物种类的鉴别。因此，在后面的研究中以 TM3/4/7 组合为主要处理对象。选取出最佳波段后合成的效果和对照如图 3-11 所示（部分遥感影像，另见彩图 3-11），经过假彩色合成后的图像在地物类型的识别上明显优于没有经过处理的图像，尤其是绿色植被（冬小麦）和水体的识别，为后期目视解译的工作提供了保证。

表 3-5　TM 最佳波段组合选取因子 OIF

Tab. 3-5　TM optimum band combination selection using OIF method

编号	波段组合	ΣSD_i	$\Sigma\|CC_i\|$	OIF
1	3、4、7	7049.843	1.402589	5026.307
2	1、4、7	6330.677	1.300972	4866.113
3	3、4、5	7366.412	1.517879	4853.096
4	2、4、7	6770.743	1.416871	4778.659
5	1、4、5	6647.247	1.429781	4649.136
6	2、4、5	7087.313	1.552076	4566.344
7	4、5、7	7779.305	1.808344	4301.894
8	1、3、4	5917.784	1.510877	3916.788
9	2、3、4	6357.851	1.627279	3907.044
10	1、2、4	5638.685	1.641294	3435.512
11	2、5、7	6267.561	2.341839	2676.342
12	3、5、7	6546.661	2.466978	2653.717
13	1、5、7	5827.495	2.226799	2616.983
14	2、3、5	5854.669	2.348644	2492.787
15	1、3、5	5414.603	2.233101	2424.701
16	1、2、5	5135.503	2.224097	2309.028
17	2、3、7	5538.099	2.464433	2247.210
18	1、3、7	5098.033	2.355286	2164.507
19	1、2、7	4818.933	2.326367	2071.442
20	1、2、3	4406.041	2.833542	1554.959

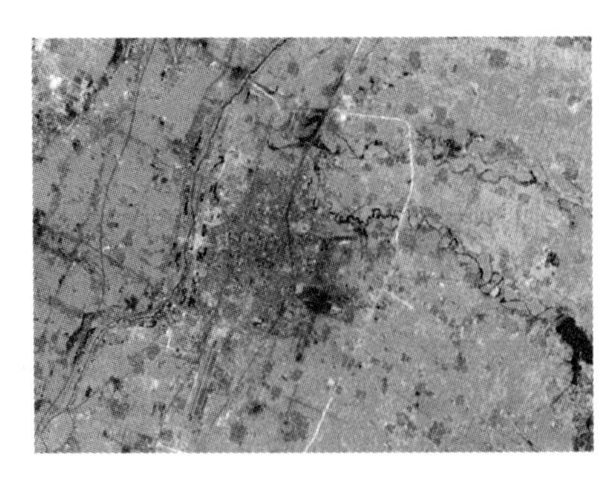

图 3-11　TM 743 假彩色合成图像和灰度图像(临汾市部分)

Fig. 3-11　False color synthesis images and gray image of TM743 (parts of Linfen)

第四节　小结

通过构建属性数据库,并利用 ArcGIS 分析模块的插值功能,结合 TM 遥感影像,生成了研究区 3D 遥感图像,可以直观地反映冬小麦种植情况及空间分布。同时利用属性数据库与相应的空间数据库之间的联系,在 ArcGIS 中可以便捷地查询到所要寻找的地物类型的面积、周长、地理坐标、海拔高程以及冬小麦长势和分布情况等信息。这为后期冬小麦种植面积的提取提供了依据,为水旱地冬小麦的准确分类提供了坡度和高程信息。

参考文献

[1] 江东,王乃斌,杨小唤,等. NDVI 曲线与农作物长势的时序互动规律[J]. 生态学报,2002,22(2):247-252.

[2] 何勇,赵春江. 精细农业[M]. 浙江:浙江大学出版社,2010.

[3] 黄文江. 作物病害遥感监测机理与应用[M]. 北京:中国农业科学技术出版社,2009.11.

[4] 刘小平,邓孺孺,彭晓鹃. 基于 TM 影像的快速大气校正方法[J]. 地理科学,2005,25(1):87-93.

[5] 宋晓宇,王纪华,刘良云,等. 基于高光谱遥感影像的大气纠正:用 AVIRIS 数据评价大气纠正模块 FLAASH[J]. 遥感技术与应用,2005,20(4):393-398.

[6] 童庆禧,张兵,赵春江,等. 利用新型光谱指数改善冬小麦估产精度[J]. 农业工程学报,2004,20(1):172-175.

[7] 王秀云,陈晔,舒强,等. 溧水县DEM的建立及坡面土地面积的提取[J]. 安徽农业科学,2006,34(15):3603-3604,3606.

[8] 赵庚星,田文新,张银辉,等. 肯利县冬小麦面积的卫星遥感与分布动态监测技术[J]. 农业工程学报, 2001,17(4):135-139.

[9] 朱秀芳,贾斌,潘耀忠,等. 不同特征信息对TM尺度冬小麦面积测量精度影响研究[J]. 农业工程学报,2007,23(9):122-131.

[10] Cairns B, Carlson B, Ying R, et al. Atmospheric correction and its application to an analysis of hyperion data [J]. IEEE Transactions on Geoscience and Remote Sensing, 2003, 41(6): 1232-1245.

[11] Chen X, Vierling L, Deering D. A simple and effective radiometric correction method to improve landscape change detection across sensor and across time [J]. Remote Sensing of Environment, 2005, 98: 63-79.

[12] Gu X F, Tian G L, Li X W, et al. Quantitative remote sensing information [J]. Science in China (Series E), 2005, 35(z1): 1-10.

[13] Kaufman Y, Sendra C. Algorithm for automatic atmospheric correction to visible and near-infrared satellite imagery [J]. International Journal of Remote Sensing, 1988, 30: 231-248.

[14] Labus M P, Nielsen G A, Lawrence R L, et al. Wheat yield estimates using multi-temporal NDVI satellite imagery [J]. International Journal of Remote Sensing. 2002, 23(20): 4169-4180.

[15] Liang S, Fang H, Chen M. Atmospheric correction of Landsat ETM + land surface imagery-part I: methods [J]. IEEE Transactions on Geoscience and Remote Sensing, 2001, 39(11): 2490-2496.

[16] Liu L Y, Wang J H, Bao Y S, et al. Predicting winter wheat condition, grain yield and protein content using multi-temporal EnviSat-ASAR and Landsat TM satellite images [J]. International Journal of Remote Sensing. 2006, 27(4): 737-753.

[17] Manjunath K R, Potdar M B and Purohit N L. Large area operational wheat yield model development and validation based on spectral and meteorological data [J]. International Journal of Remote Sensing,2002, 23(15): 3023-3038.

[18] Sergio M V, Jose M C, Alfredo R. Early prediction of crop production using drought indices at different time-scales and remote sensing data: application in the Ebro alley (north-east Spain) [J]. International Journal of Remote Sensing. 2006, 27(3): 511-518.

[19] Thenkabail P S. Biophysical and yield information for precision farming from near-

real-time and historical Landsat TM images [J]. International Journal of Remote Sensing,2003, 24 (14): 2879-2904.

[20] Thomas G, Van N, Tim R, Vicar M. Determ ining temporal windows for crop discrimination with remote sensing: a case study in south-eastern Australia [J]. Computer and Electronics in Agriculture, 2004(45): 91-108.

[21] Vellidis G, Tucker M A, Perry C D, et al. Predicting Cotton Lint Yield Maps from Aerial Photographs [J]. Precision Agriculture, 2004, 5:547-564.

第四章　冬小麦种植面积提取

确定农作物类别和空间分布是长势监测和产量估测研究的关键。农作物种植面积提取是建立在对遥感影像校正的基础上的，进行农作物类型的遥感识别，统计农作物的种植面积，遥感影像校正的精度直接影响着农作物种植面积提取的精度。农作物的识别主要是利用绿色植物独特的波谱反射特征，将农作物与其他地物区分开（周成虎等，1999），并通过建立统计模型，来提取农作物种植面积。

国内外很多学者利用较高空间分辨率的 Landsat 数据进行了冬小麦、玉米、水稻等作物面积的提取（王乃斌等，1993；陈仲新等，2000；Chen 等，2000；Baban 等，2000）。Lau 等（1998）、Turner 等（1998）、Murakami 等（2001）则利用多时相 SPOT-XS 影像进行作物的识别和种植面积的提取。Lenngton 等（1984）首先利用陆地卫星数据的混合像元分解进行了作物种植面积提取的实验。Mahesh 等（2001）利用决策树分类方法结合 Boosting 算法提取农作物种植面积，分类精度可以达到 84.5%。Giacinto 等（1997）把统计方法和神经网络法结合起来提取农作物种植面积，与单一分类器相比，此方法能较好地提高分类精度。Hoekman 等（2003）采用一种新的偏振测定分类方法从不同的作物中提取小麦，提取精度达到 96%。Murthy 等（2003）利用多种分类方法用多时相遥感卫星影像来提取小麦种植面积，提取结果表明仿真神经网络方法明显优于其他分类方法。

本章利用多种方法对遥感图像增强，分析冬小麦面积提取的最佳时相以及最佳波段组合，采用多分类器比较的方法提取研究区冬小麦种植面积及空间分布，利用高程、坡度信息以及专家知识，通过搭建决策树结构以提取水旱地冬小麦种植面积和空间分布。结合 2001 年运城地区四县市 TM 遥感数据分析冬小麦种植结构的变化情况，研究针对丘陵垣台地区冬小麦种植面积的监测方法，以期为大范围冬小麦播种面积的提取和监测打下基础。

第一节　冬小麦种植面积提取最佳时相选择

种植面积提取的最佳时相遥感图像的选择是农作物估产中的关键环节之一。

冬小麦种植面积遥感估算的依据是冬小麦种植区光谱信息与其他地物的区别最大。农作物物候历的种间差异是选择作物识别最佳时相的常用依据。在选择最佳时相时，首先必须了解各种作物的物候期，通过对比同一地点不同作物的物候历，即可确定该地识别作物的最佳时相。

根据试验的设计要求，时相的选择必须考虑山西省晋中、晋南地区主要种植作物的物候历（表 4-1）对不同作物加以区别，将冬小麦与其他作物的光谱差异最大的时期定义为冬小麦种植面积估算的最佳时相。因此通过分析比较冬小麦生长期间的物候历，确定冬小麦面积遥感估算的最佳时相。从表 4-1 中可以看出从 3 月下旬到 4 月中旬研究区冬小麦处于拔节—孕穗期，生长旺盛，而玉米、大豆、棉花等作物此时刚播种完或还未播种，油菜处于开花期，对冬小麦光谱不会造成影响。同时考虑遥感影像的质量，选择 2007 年 4 月 8 日作为本研究种植面积提取最佳时相。

第二节　冬小麦种植面积提取

一、冬小麦种植面积提取方法

根据实地调查和研究区主要种植作物的物候历，在该时期（拔节—孕穗期）主要影响冬小麦面积提取的因素为分布在丘陵山区的林地。利用分类器很难对冬小麦和林地进行直接准确的分类。因此，在研究的过程中，首先通过目视解译对林地进行掩膜，提取冬小麦可能种植区域。但由于研究区域地形相对比较复杂，同时为了提高解译精度，因此必须采用多种手段、多种方法，以求得到满意的效果。

在冬小麦种植面积的提取过程中，还需要解决的问题是混合像元的提取。由于本试验所研究的区域自然条件相对统一，冬小麦种植地块较为集中，因此可以通过遥感图像获取的时相选择，同时结合初级的混合像元分解技术就可以达到试验要求。在此就本项试验所利用的像元分解技术略谈。主要利用方法为阈值法，将光谱数值经过特定运算构造多维绿度空间，各类地物有不同层次的空间分布，选择合适的绿度模式（判别函数），用平面切割多维绿度空间，以不同阈值分层，就可以较精确地提取各类地物。应用图像分割技术，按照同类地物在绿度图像上的相似性和不同地物间的非连续性，可以用不同的阈值来确定地面类群的边界，在小麦面积提取中，找出麦地与非麦地之间的阈值，依照判别式 $f(i,j)\geqslant G$ 就可以提取出小麦地像元。阈值确定的标准方程为：

表 4-1　研究区主要农作物候历

Tab. 4-1 Phenology of main crops in study area

项目		2月		3月			4月			5月			6月			7月			8月			9月			10月		
		中旬	下旬	上旬	中旬	下旬	上旬	中旬	下旬	上旬	中旬	下旬	上旬	中旬	下旬	上旬	中旬	下旬	上旬	中旬	下旬	上旬	中旬	下旬	上旬	中旬	下旬
冬小麦	晋中		越冬		返青—起身				拔节—孕穗		抽穗			灌浆—成熟									播种				苗期
	临汾	越冬			返青—起身			拔节—孕穗		抽穗			灌浆—成熟												播种		苗期
	运城			返青—起身			拔节—孕穗		抽穗			灌浆—成熟													播种		苗期
玉米	晋中										播种		拔节			抽穗			开花			乳熟		收获			
	临汾														播种		拔节			抽穗		乳熟		收获			
	运城													播种			拔节			抽穗	乳熟		收获				
大豆	晋中									播种			苗期				花荚期					结荚鼓粒期		收获			
	临汾												播种		苗期			花荚期			结荚鼓粒期			收获			
	运城											播种		苗期			花荚期		结荚鼓粒期			收获					
棉花	晋中								播种				出苗				现蕾				花铃					裂铃	
	临汾							播种				出苗				现蕾				花铃				裂铃			
	运城						播种				出苗				现蕾				花铃				裂铃				
油菜	晋中																										
	临汾		抽薹				开花			成熟			收获												播种		
	运城		抽薹					开花			成熟			收获												播种	

$$g_1(x) = a_{11}X_{11} - a_{12}X_{12} + c_1b_1$$

$$g_2(x) = a_{21}X_{21} - a_{22}X_{22} + c_2b_2$$

其中 $X_{11} \neq X_{12} \neq X_{21} \neq X_{22}$，设 $b_1 = b_2 > 0$，a_{11}、a_{12}、c_1、c_2、a_{22}、a_{21} 都为待定系数，用多次多向迭代，经过多次双向逼近，使 $g_1(x) \approx g_2(x) = G$，阈值 G 就是麦地与非麦地的区别，绿度值大于 G 的像元都归属于麦地。

冬小麦种植面积提取流程如图 4-1 所示。首先对 TM 数据进行大气校正并利用地面控制点(GCP)进行几何校正，根据外业调查资料，通过目视解译对主要影响冬小麦面积提取的林地进行掩膜，提取冬小麦可能种植区域。利用 Mahalanobis Distance 分类法进行分类，对分类后图像存在的小部分漏分或多分，利用分类结果生成的冬小麦种植面积矢量图层在 ArcGIS 中叠加 TM 遥感图像进行二次目视解译来实现，生成最终的面积矢量图，在 ENVI 中制作成掩膜，对 TM 图像进行裁剪，从而得到冬小麦种植面积 TM 图。

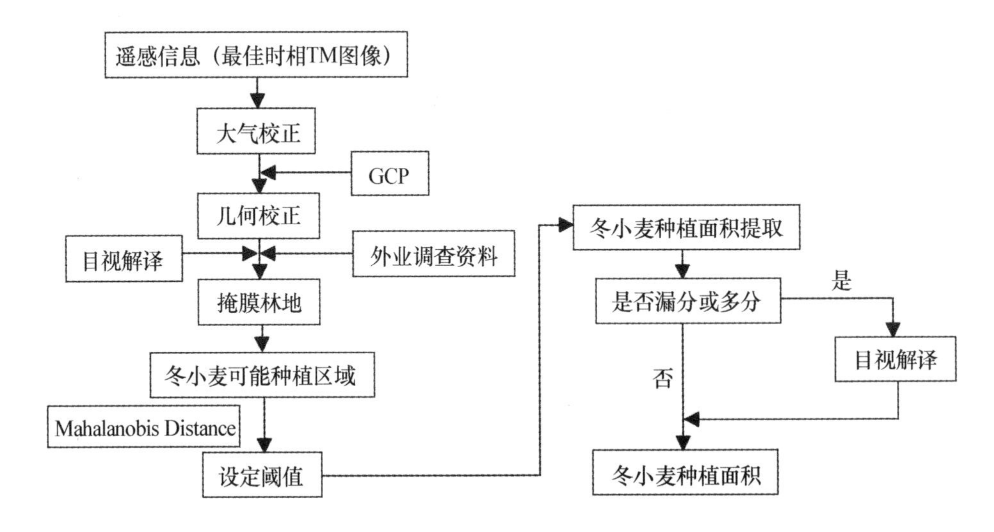

图 4-1 冬小麦种植面积提取流程图

Fig. 4-1 The extraction flowchart of winter wheat plant area

二、冬小麦种植面积提取结果

为了对冬小麦种植面积监测取得最理想的效果，因此必须采用多种手段、多种方法，以求得满意的效果。各种分类方法所选用的参数分别如下：Mahalanobis

Distance(最大距离误差为 3),Spectral Angle Mapper(最大角度为 0.1),Maximum Likelihood(可能的阈 25),Minimum Distance(最大距离误差为 3,距平最大距离为 3),Parallelepiped,Isodate(最大距离误差为 20,距平最大距离为 20),K-Means(最大距离误差为 20,距平最大距离为 20)。将分类后的结果利用计算混淆矩阵与地面真实感兴趣区(ROI)进行比较分析,结果如表 4-2 所示。从表中可以看出各种分类方法均无多分现象,其中 Minimum Distance 分类法分类效果最差,在 257 个像元中仅有 26 个像元被分类为冬小麦,漏分率达到了 89.88%。Mahalanobis Distance 分类法分类效果比较理想,漏分率仅为 4.28%。

表 4-2 多种分类方法混淆矩阵比较

Tab.4-2 Confusion matrix comparative analysis of many classification methods

Classification methods	Unclassified	Wheat	Commission/%	Omission/%
Mahalanobis Distance	11	246	0	4.28
Spectral Angle Mapper	69	188	0	26.85
Maximum Likelihood	—	—	—	—
Minimum Distance	231	26	0	89.88
Parallelepiped	107	150	0	41.63
Isodate	—	—	—	—
K-Means	—	—	—	—

为了更进一步研究 Mahalanobis Distance 分类法,本研究进行了对比试验,发现最大距离误差(阈值)为 2.9 时分类效果最佳。但也存在小部分漏分或多分,因此需要对分类后图像进行进一步的目视解译,这一过程主要是利用分类结果生成的冬小麦种植面积矢量图层在 ArcGIS 中叠加 TM 遥感图像来实现,逐个图斑交互地目视修正解译的结果。对不属于冬小麦的图斑通过鼠标操作从分布图中删除,对没有分出的部分则目视绘出其图斑界线,生成最终的面积矢量图,在 ENVI 中制作成掩膜,对 TM 图像进行裁剪,从而得到冬小麦空间分布图,如图 4-2 所示。

利用分类后提取的冬小麦种植面积统计其所占像元数,乘以每一像元所代表的实地面积,得到 2007 年研究区域冬小麦遥感监测面积为 560650 hm^2。但由于不同灌溉条件下冬小麦有着不同的生育进程,因此在作物估产和作物长势的研究中应该进行水旱地区分,以提高估测精度。

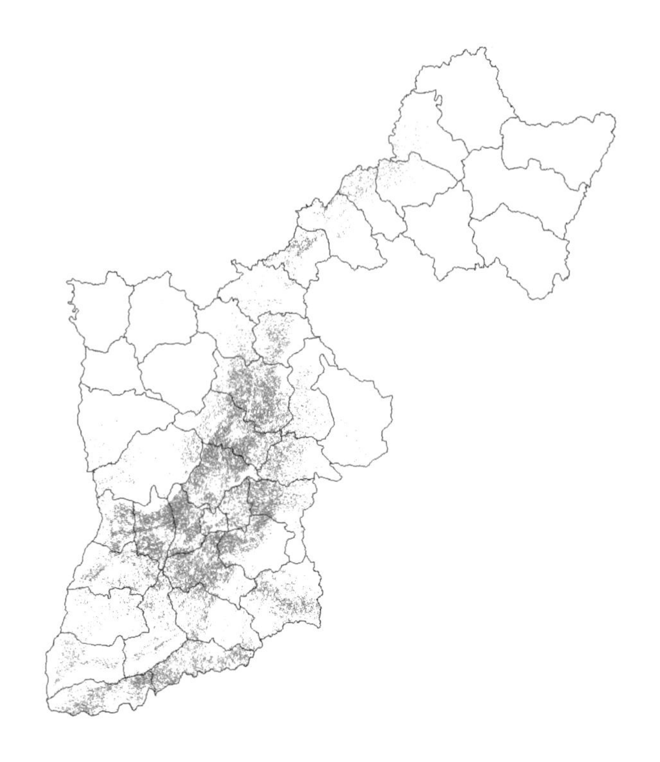

图 4-2 冬小麦空间分布图

Fig. 4-2 Spacial distribution image of winter wheat in study area

第三节 水旱地冬小麦种植面积提取

一、水旱地冬小麦种植面积提取方法

水旱地冬小麦因水分条件、供肥能力等因子的不同，其生育进程存在着一定的差异，因此利用遥感手段进行作物估产和长势监测时，应对二者进行区分。

利用遥感图像可以提取区域内冬小麦的面积，但如何充分利用遥感图像所提供的各种动态信息，使它与地面上的冬小麦对应起来。这需要将未知冬小麦类型特征与区域内的目标冬小麦类型特征，按一定的判别规则逐一分析比较，来得到未知单元的冬小麦类型。对冬小麦类型的这种判别亦可理解为用一定的求解方法对答案进行搜索，求解的方法就是抽象出来的一系列具有层次性的冬小麦类型特征的组合。

如何将这种求解推理方法用既简单又方便的工具表述出来，研究中采用了搭建决策树结构的方法来解决这个问题。

利用研究区域等高线和 TM 影像制作成的 3D 图像可以很好地反映晋中、临汾、运城地区植被分布和冬小麦的种植情况(图 3-6 至图 3-8)。整个研究区域冬小麦种植区包括太原盆地灌溉冬麦区、临汾—运城盆地灌溉冬麦区和晋南垣台丘陵旱作冬麦区。其中太原盆地灌溉冬麦区包括太谷、榆次、祁县、平遥、介休、灵石等县的平川地带，海拔 750～850 m；临汾—运城盆地灌溉冬麦区包括临汾地区的霍州、洪洞、临汾、襄汾、曲沃和侯马等各县平川，运城地区的运城、临猗、永济、新绛、稷山、河津、闻喜等县的沿河平川地区，海拔 350～600 m。晋南垣台丘陵旱作冬麦区包括浮山、翼城、绛县、万荣、汾西等一些县的大部分麦田，海拔 450～700 m。研究区盆地坡度均小于 15°，而垣台丘陵区坡度则介于 15°～20°。利用上述判别特征，通过决策树提取模型构建研究区冬小麦水旱地的划分结构，来提取水旱地的种植面积，其中临汾地区和运城地区海拔选择 600 m，而晋中地区则选择 850 m。决策树结构图如图 4-3 所示。

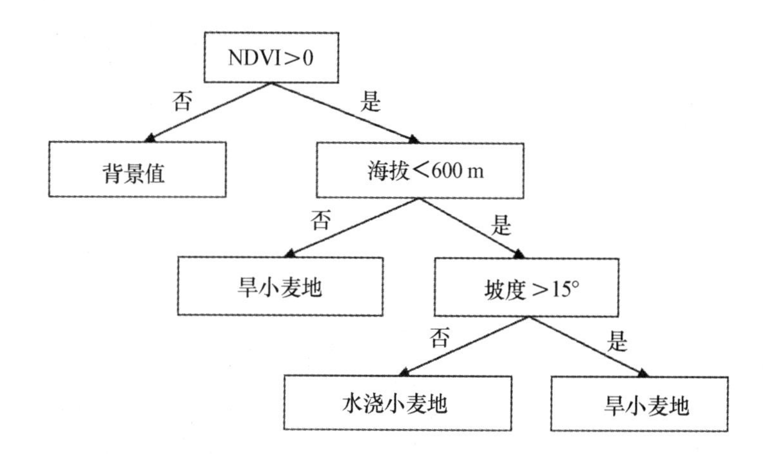

图 4-3 冬小麦水旱地决策树分类图

Fig. 4-3 Classification image of decision tree of irrigation-land and dry-land winter wheat

当执行决策树时，处理过程中需要计算很多变量的值，如 NDVI 指数、海拔、坡度等变量，利用 ENVI 自动计算变量值，其中 NDVI 值从冬小麦种植面积 TM 数据中获取，海拔值和坡度值从高程模型(Digital Elevation Model，简称 DEM)中获得，DEM 绝对垂直精度为 16 m，置信度为 90%。

二、水旱地冬小麦种植面积提取结果

具体分类结果如图4-4所示。图中绿色区域代表水地冬小麦，红色区域代表旱地冬小麦。分别统计水旱地冬小麦所占像元数，再乘以每一像元所代表的实地面积，得到2007年研究区冬小麦水旱地遥感监测面积，见表4-3。

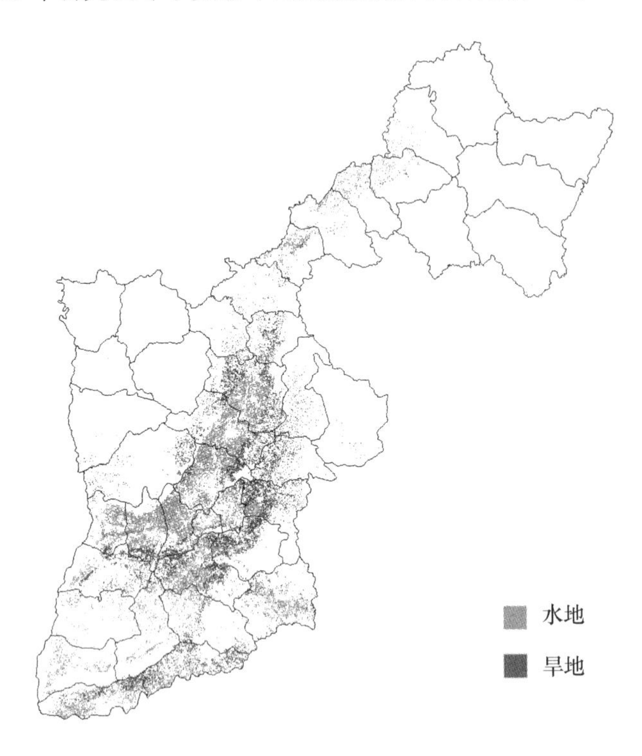

图4-4 水旱地冬小麦空间分布图

Fig.4-4 Spacial distribution image of irrigation-land and dry-land winter wheat

表4-3 研究区水旱地冬小麦分类结果

Tab.4-3 Classification result of different irrigation type winter wheat in study area

区域 District	像元数 Pixels	提取面积/hm^2 Extracting area	比例/%
水地	3154720	283925	50.64
旱地	3074729	276725	49.36
总计	6229449	560650	100.00

从图4-4和表4-3可以看出,水地冬小麦主要分布在榆次、太谷、祁县、平遥、介休、霍州、洪洞、临汾、襄汾、翼城、曲沃、侯马、运城、永济、新绛、稷山、河津,闻喜等各县沿汾河平川区域,面积为281522 hm^2,占总面积的50.64%;而旱地主要分布在灵石、汾西、古县、浮山、乡宁、万荣、绛县和平陆等县,沿汾河平川区域各县也均有分布,吉县、大宁、安泽、临猗、芮城、垣曲等县有零星旱地种植,面积为275795 hm^2,占49.36%。

第四节 遥感监测冬小麦种植面积精度检验

为了验证本研究的分类结果精度,利用山西省农业推广站提供的2007年冬小麦种植面积统计数据进行精度检验,检验结果如表4-4所示。

表4-4 冬小麦种植面积及精度检验 hm^2

Tab.4-4 Planting area and precision of winter wheat

区域 District	水地面积 Irrigation area			旱地面积 Dry-land area			总面积 Total area		
	监测 Monitor	统计 Statistics	精度% Precision	监测 Monitor	统计 Statistics	精度% Precision	监测 Monitor	统计 Statistics	精度% Precision
晋中	20981	27407	76.55	7970	7393	92.19	28951	34800	83.19
临汾	107488	94400	86.15	127290	147733	86.16	234778	242133	96.96
运城	155456	146107	93.60	141465	167153	84.63	296921	313260	91.85
合计	283925	267914	94.02	276725	322279	85.87	560650	590193	94.99

$$* 精度 = \left(1 - \left|\frac{监测面积 - 统计面积}{统计面积}\right|\right) \times 100\%$$

从表中可以看出,研究区域2007年冬小麦遥感监测的播种面积为560650 hm^2,其中旱地播种面积为276725 hm^2,水地播种面积为283925 hm^2。因此,利用遥感监测冬小麦的总种植面积精度达到了94.99%,旱地面积提取精度为85.87%,水地面积提取精度为94.02%。晋中地区水地冬小麦提取精度最低,仅为76.55%,而旱地冬小麦的提取精度却是最高的,达到了92.19%,总体精度也仅达到了83.19%,远小于临汾和运城地区。这主要是由于晋中水地冬小麦多分布于平川地区,同时多分散种植,呈条带状,少有较大面积分布。因此,在面积提取的过程中难免会出现"混合像元"、"同物异谱"的问题,最终导致该地区水地冬小麦面积提取精度最低。而旱地冬小麦主要分布在丘陵地区,相对于其他作物而言,种植面积较大,但整体种植面积远小于水地冬小麦。因此也导致了其总种植面积精度远小于其他两个地区。临汾和运城地区冬小麦总种植面积提取精度都达到91%以上，临汾地区更达到了96.96%，同时水旱地的提取精度介于84.63%～93.60%。冬小麦种植面积提取精度基本能满足本研究的需求，由此可以表明上述遥感影像的处理是比较准确的。

第五节 冬小麦种植面积变化

冬小麦种植面积的变化将导致不同年份同一时相遥感图像中相应点光谱信息的较大差异，由此可以检测出麦田面积的变化以及空间分布情况。利用2001年和2007年同期的2帧TM遥感数据监测运城地区万荣、临猗、永济和运城市等四县市的冬小麦种植面积变化，见表4-5。

表4-5 冬小麦种植面积变化情况

Tab.4-5 Change status of winter wheat planting area

区域 District	2001年		2007年		减少量/hm^2 Decrement
	像元数 Pixels	面积/hm^2 Area	像元数 Pixels	面积/hm^2 Area	
临猗县	494264	44483.8	64619	5815.7	38668.1
万荣县	532952	47965.7	209761	18878.5	29087.2
永济县	277509	24975.8	101123	9101.1	15874.7
运城市	594250	53482.5	132551	11929.6	41552.9
合计	1898975	170907.8	508054	45724.9	125182.9

从表4-5可以看出，与2001年相比，四县市在2007年冬小麦的种植面积减少了125182.9 hm^2。其中以临猗县和运城市冬小麦种植面积减少幅度最大，分别达到了86.93%和77.99%，其他两县减少幅度也达到了60%左右。提取面积变化与同时期统计面积变化进行对比，结果二者变化趋势一致。

将两个时相冬小麦分布图由栅格转为矢量格式，然后利用地理信息系统(GIS)软件进行冬小麦分布矢量图的叠加分析，从而监测出冬小麦分布的变化情况。图4-5为2001年和2007年冬小麦分布变化图(另见彩图4-5)。图中蓝色部分为2001年种植而2007年没有种植的冬小麦，红色部分为2007年种植而2001年没有种植的冬小麦，绿色部分为2001年和2007年均种植冬小麦。从图中可以看出，与2001年相比四县市冬小麦种植面积均有大幅度的减少，减少的部分主要集中在城市周边，部分集中于远离城市的边远丘陵地区。导致冬小麦种植面积减少的原因，主要是由于各地区产业结构的调整。城市周边冬小麦种植面积的减少是由于蔬菜大棚的兴起以及玉米的大规模种植，而边远丘陵地区则主要是种植了大量的果树。

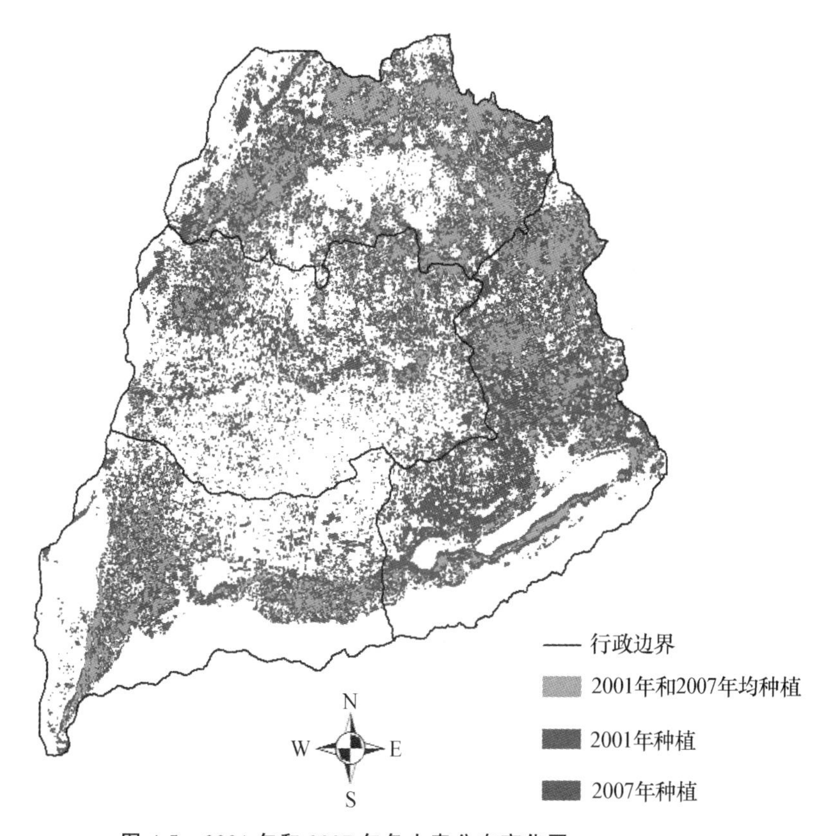

图 4-5　2001 年和 2007 年冬小麦分布变化图

Fig. 4-5　Spacial distribution change image of winter wheat between 2001 and 2007 year

第六节　小结

利用 FLAASH 大气校正模块对 TM 遥感数据进行了大气校正，水汽、气溶胶和大气点扩散效应校正后 NDVI 明显增大，校正前后 NDVI 平均值为 0.016167 和 0.252341，NDVI 标准偏差为 0.108592 和 0.136860。因此消除了大气效应，有助于地物真实光谱信息的提取及地物识别研究。通过 TM 波段相关性和 OIF 因子分析，选取了最佳组合波段，为后期目视解译的工作提供了保证，从而为冬小麦面积的高精度提取奠定了基础。

本研究探讨了利用最佳时相的TM数据进行冬小麦面积提取，在利用计算机自动提取过程中借助GIS平台进行目视解译，引入判读人员的知识，提取前进行初步目视解译，得到冬小麦可能种植区域图像，再应用分类器进行分类，可以极大地减少工作量，提高分类效率。通过多种分类器进行分类比较，发现Mahalanobis Distance分类法分类效果较好，当阈值（最大误差距离）为2.9时分类效果最佳，漏分率仅为4.28%。人机交互提取方法可以借助于实况信息的支持，充分利用专家经验、人工智能，从而使提取结果具有较好的精度保障。

首次提出了利用决策树分类方法进行冬小麦水旱地的提取，在搭建决策树结构中引入专家知识，利用人的知识和思维能力结合计算机的快速运算能力实现水旱地冬小麦的分类，通过与实地调查资料比较，水旱地的分类达到了预期目标。同时，本研究引入了RS（遥感系统）、GPS（全球定位系统）、GIS（地理信息系统）3S技术进行了冬小麦种植面积的提取，后期引入了专家知识，对水旱地冬小麦进行了较为准确的分类。前人进行水旱地的提取多通过种植区划图叠加来提取，本方法利用高程信息、坡度信息以及专家知识，通过决策树分类方法来提取冬小麦水旱地种植面积，提取精度均达到了85%以上。

本研究除晋中地区水地冬小麦，其余地区冬小麦提取精度都达到了84%以上，全研究区冬小麦种植面积提取精度达到了95%以上。由于本研究在进行水旱地冬小麦提取时采用DEM数据和3D图像进行地形分析，但DEM的制作从DEM的数据源到DEM的建模过程中均会出现误差。而且DEM提取坡度信息与DEM的空间分辨率、比例尺、地形等关系密切。因此在进行坡面土地面积统计时应根据需要选取合适比例尺和空间分辨率的DEM（王秀云等，2006）。

以卫星遥感技术进行冬小麦面积分布的动态监测，不但较好地反映其面积增减变化，而且直观地显示了其空间分布的动态变化，反映冬小麦空间的延伸规律，具有其他监测方法不可比拟的优点（赵庚星等，2001）。本研究利用2001年和2007年2帧同一时相TM遥感图像分析了运城地区四县市冬小麦种植面积的变化以及空间分布，与2001年相比，冬小麦种植面积发生了很大的变化，种植面积减少了125182.9 hm^2，导致了该地区冬小麦产量直线下降。通过对运城地区四县市冬小麦种植面积及空间分布的动态监测，找到了该地区冬小麦变化的时空特点，使决策者能够比较准确地掌握冬小麦的种植面积和年际间的冬小麦种植面积变化，以便制定出相应的政策。同时由于实验条件的限制，本研究只进行了运城地区四县市冬小麦面积及空间分布两年的监测，而对于整个研究区域冬小麦年际间种植面积的动态监测，则需要进行多年、多帧的遥感数据分析。

在图像处理过程中，数据量十分庞大，既包括各种地理基础地图，土地利用图，TM、MODIS 遥感图像，又有通过各种处理手段获取的新的信息、数据和图像，数据量是以 GB 为单位的。因此，利用 ENVI 作为图像数据变换的平台，运用 GIS 作为数据处理和分析的中枢，可以有效地管理、支持各种来源的海量数据的交换和运算，提高工作效率。

参考文献

[1] 陈仲新，刘海启，周清波，等. 全国冬小麦面积变化遥感监测抽样外推方法的研究[J]. 农业工程学报，2000，16(5)：126-129.

[2] 王乃斌，覃平，周迎春. 应用 TM 图像采用模式识别技术自动提取冬小麦播种面积的研究[J]. 遥感技术与应用，1993，8(4)：1-7.

[3] 王秀云，陈晔，舒强，等. 溧水县 DEM 的建立及坡面土地面积的提取[J]. 安徽农业科学，2006，34(15)：3603-3604，3606.

[4] 赵庚星，田文新，张银辉，等. 肯利县冬小麦面积的卫星遥感与分布动态监测技术[J]. 农业工程学报，2001，17(4)：135-139.

[5] 周成虎，骆剑承. 遥感影像地学理解与分析[M]. 北京：科学出版社，1999.

[6] Baban S M, Luke C. Mapping agricultural land use using retro spective ground referenced data, satellite sensor imagery and GIS [J]. Int J Remote Sensing, 2000, 21(8):1757-1762.

[7] Chen Zhongxin, Stato S U. Estimating winter wheat acreage using remotely sensed imagery with sub-pixel classification algorithm[R]. Nippon Shashin Sokuryo Gakkai Gakujutsu Koenkai Happyo Ronbunshu, 2000:19-22.

[8] Giacinto G, Roli F and D'Armi P. Ensembles of neural networks for soft classification of remote sensing images, Proc. of the European Symposium on Intelligent Techniques, Bari, Italy, 1997:166-170.

[9] Hoekman D H, Vissers M A M. A new polarimetric classification approach evaluated for agricultural crops. Geoscience and Remote Sensing, IEEE Transactions on Volume 41, Issue 12, Dec, 2003 Page(s): 2881-2889.

[10] Lau C S, Kao H. Combined use of SPOT and GIS data to detect rice paddies[C]. ACRS, 1998.

[11] Lenngton R K, Ctsorensen, Rpheydorna. Mixture Model Approach for Estimating Crop Areas from Land sat Data[J]. Remote Sensing of Environment. 1984, 14: 197-206.

[12] Mahesh P, Paul M. Decision tree based classification of remotely sensed data, in: Proceedings of the 22nd Asian Conference of Remote Sensing, Singapore, November 5-9, 2001.

[13] Murakami T, Ogawa S, Ishitsuka M, et al. Crop discrimination with multitemporal SPOT/HRV data in the Saga Plains, Japan[J]. Int J Remote Sensing, 2001, 22(7): 1335-1348.

[14] Murthy C S, Raju P V, Badrinath K V S. Classification of wheat crop with multi-temporal images: performance of maximum likelihood and artificial neural networks. International Journal of Remote Sensing, Volume 24, Issue 23 December 2003: 4871-4890.

[15] Turner M D, Congalton R G. Classification of multitemporal SPOT-XS satellite data for mapping rice fields on a West African flood plain[J]. Int J Remote Sensing, 1998, 19(1):21-41.

第五章　冬小麦长势动态监测

20 世纪 80 年代以来,信息技术在作物长势监测与生产管理上的应用日趋受到学术界和管理决策部门的广泛关注,对传统农业生产管理模式产生了广泛的影响,带来了较好的经济效益和社会效益(周清波,2004;宏裕闻,1997;李卫国等,2006;李洪星,2004;李卫国等,2006)。

冬小麦长势遥感监测是冬小麦遥感估产的重要内容,它以产量预报为核心,实施冬小麦生长过程的动态监测能及时提供冬小麦长势信息,使业务管理部门和生产者及时采取有效措施,改变冬小麦生产的被动局面,又是产量预报的依据。因此,冬小麦长势的遥感监测是冬小麦估产不可缺少的组成部分。

在作物的农学参数遥感提取中,一般采用光谱植被指数(Spectral Vegetation Index,SVI),它是由卫星遥感多光谱数据经空间转换或不同波段间线性或非线性组合构成的对植被有一定指示意义的指标(江东等,2002)。各植被指数中归一化植被指数(NDVI)是最常用的一种植被指数,对植被生长状况、生产率及其他生物物理、生物化学特征敏感,广泛应用于土地利用覆盖监测、植被覆盖密度评价、作物识别和作物产量预报等方面(Giorgio 等,1997)。植被指数的变化与作物生长状况、发育时期关系密切(毛学森等,2003)。

由于作物在各生长阶段的生长状况可以用叶面积指数和生物量表示(Roberto 等,1993;Rasmussen 等,1997),而植被指数与作物叶面积指数和生物量呈正相关,因此可以利用冬小麦生长期内植被指数进行长势监测,其中以 NDVI 最为常用(李郁竹,1993;吴炳方,2000)。武建军等(2002)以新疆北部为试验区,通过对相邻年份 NDVI 的对比,实现大面积农作物长势监测。

本章利用多时相 MODIS 数据,分析水旱地冬小麦 NDVI 时间曲线特征,通过与 2006 年同期同地 NDVI 值进行比较,分析冬小麦不同年份的长势差异,为冬小麦面积监测和长势监测提供科学依据。

第一节　生育期内冬小麦长势监测

生育期内长势监测,主要是利用曲线形态变化与作物苗情变化的响应关系,提取 NDVI 曲线的特征参数，根据光谱特征随生育期的变化将农作物一个生长期分为不同的阶段，如起始期、峰值期、谷值期等，根据指数变化情况和值的高低判断本季的作物长势。

将冬小麦的 NDVI 值以时间为横坐标排列起来，形成了冬小麦生长的 NDVI 动态变化曲线，这种曲线以最直观的形式反映了冬小麦从返青、抽穗到成熟 NDVI 的变化过程。通过对冬小麦 NDVI 时间变化曲线的分析，可以了解冬小麦的生长状况，进而为冬小麦产量的计算提供理论依据。对不同生长阶段冬小麦 NDVI 值的高低进行密度分割，来判断该生长阶段冬小麦在空间上的差异变化。

一、水旱地冬小麦 NDVI 变化特征

根据野外调查资料结合多时相 MODIS-NDVI 图像，同时根据冬小麦 NDVI 时间序列数据的变化的特点，选用三次多项式最小二乘法拟合，分别绘制了晋中、临汾和运城三个地区水旱地冬小麦不同生育时期的 NDVI 平均值变化曲线图（图 5-1 至图 5-3），并以临汾地区为例进行生育期内水旱地冬小麦 NDVI 变化特征分析。从图 5-2 可以看出，临汾地区从 2 月 17 日开始冬小麦 NDVI 值迅速上升，此时，冬小麦处于返青期，随着气温的进一步回升，冬小麦生长迅速，叶面逐渐增大，NDVI 值开始大幅度上升。至 5 月 8 日 NDVI 值达到峰值，由于临汾地区冬小麦均处于抽穗初期，叶面积和绿色生物量达到最大，此后随着生育期的推进，NDVI 值逐渐降低，这主要是由于冬小麦抽穗开花以后，穗所占比例增大，穗对冠层光谱的贡献增加，此时作物群体趋于稳定，叶片叶绿素的降解上升为主要因素。水旱地冬小麦 NDVI 达到最低时的时间不同，水地小麦为 6 月 10 日左右，旱地小麦为 6 月 1 日左右，它们分别对应了水地和旱地小麦成熟收获的时间。

为了能更好地监测水旱地冬小麦的生长态势，利用冬小麦返青—抽穗期和抽穗—成熟期的 NDVI 值分别制作 3 个地区的斜率图（图 5-1 至图 5-3），抽穗前斜率越大则 NDVI 上升得越快，抽穗后斜率绝对值越大则 NDVI 下降越快。从图中可以看出，3 个地区冬小麦在抽穗以前 NDVI 值变化斜率均表现为水地大于旱地；抽穗以后，临汾、运城地区旱地冬小麦 NDVI 变化斜率的绝对值则大于水地。表明随着冬小麦生育期的推进，旱地冬小麦 NDVI 达到峰值前的上升速度远小于水地冬小麦，峰值后旱地冬小麦 NDVI 下降速度大于水地冬小麦。

但是晋中地区却表现为从 5 月 8 日以后到冬小麦成熟水地 NDVI 变化斜率的绝对值为 3.560 3 大于旱地的 3.4142，表明水地冬小麦 NDVI 值下降速率大于旱地，即旱地冬小麦从抽穗到成熟整体长势好于水地冬小麦。这可能是由于旱地冬小麦后期降雨量的增加，同时，由于旱地冬小麦多种植在丘陵垣台地区，温度相对较低，延缓了旱地冬小麦的成熟；水地冬小麦后期缺少管理也会加快其成熟。

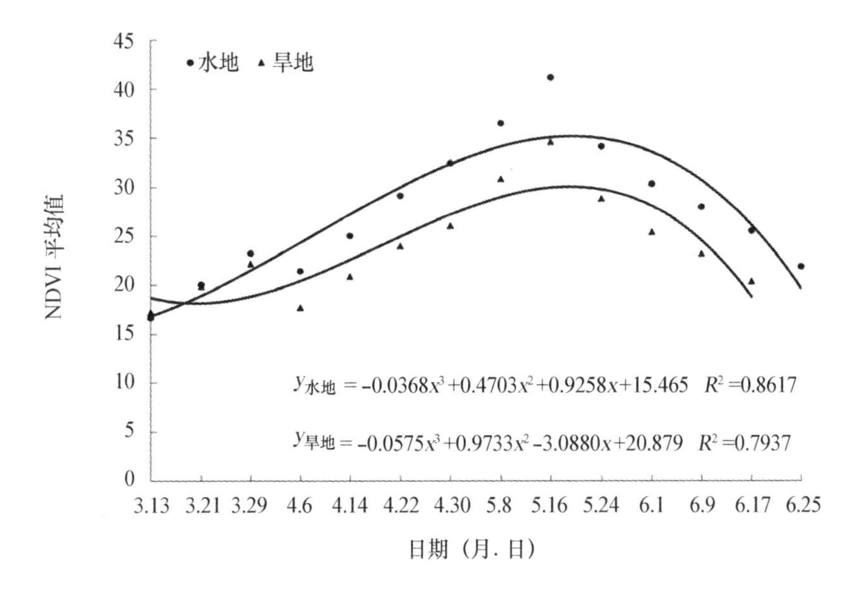

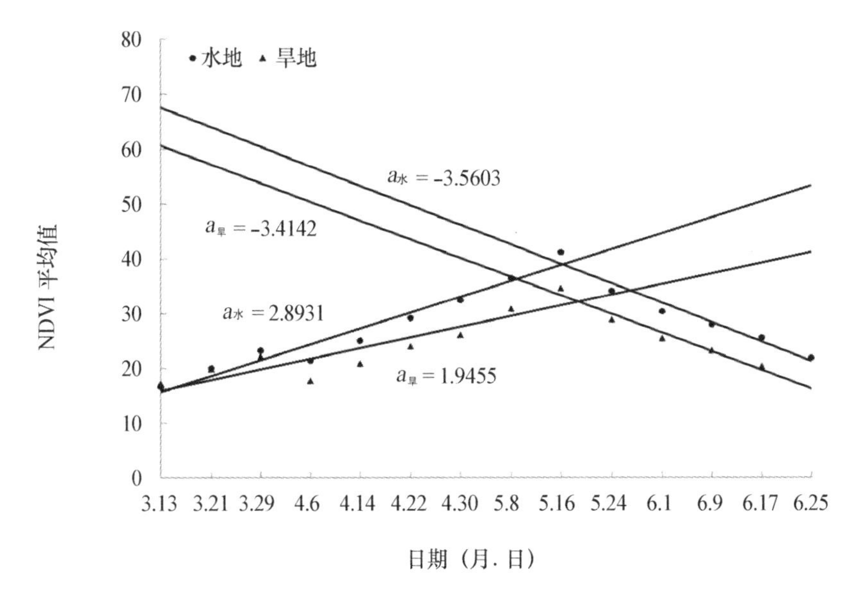

图 5-1　晋中地区水旱地冬小麦 NDVI 时间曲线和斜率图

Fig.5-1　The NDVI temporal profiles and slope image of winter wheat with irrigation-land and dry-land in Jinzhong

● irrigation-land　　▲dry-land　　a = slope

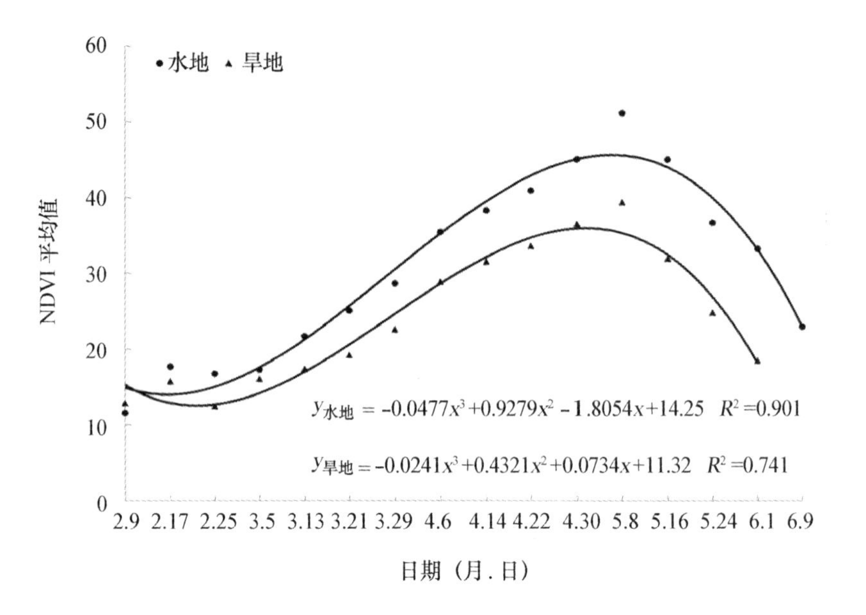

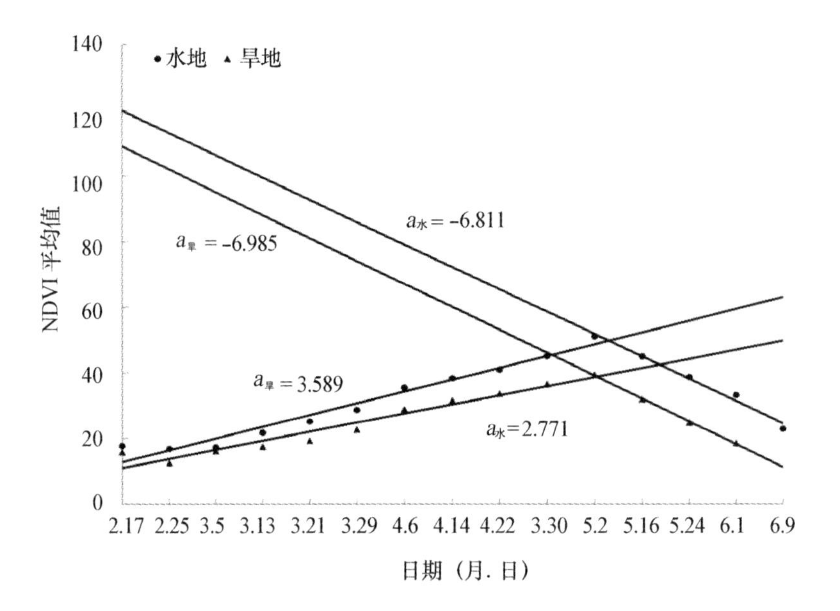

图 5-2 临汾地区水旱地冬小麦 NDVI 时间曲线和斜率图

Fig.5-2 The NDVI temporal profiles and slope image of winter wheat with irrigation-land and dry-land in Linfen

● irrigation-land ▲dry-land a = slope

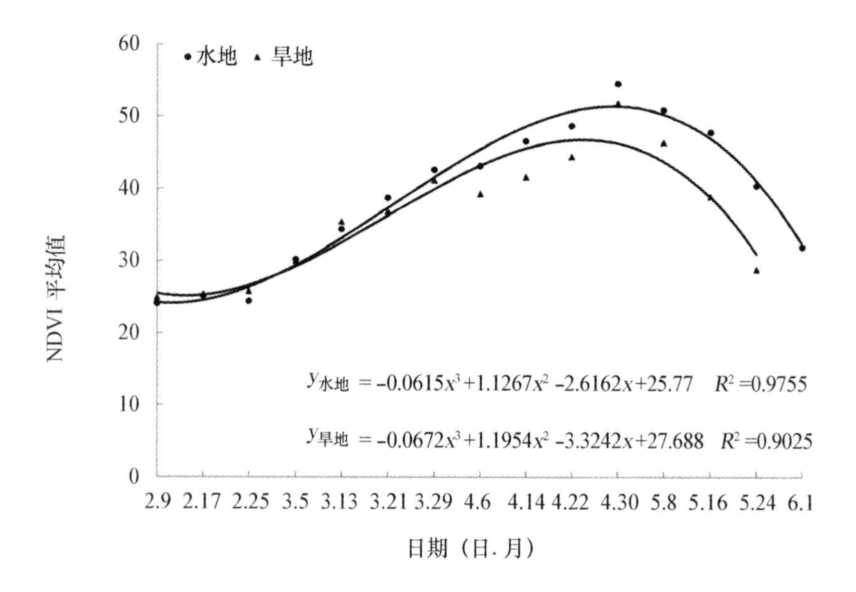

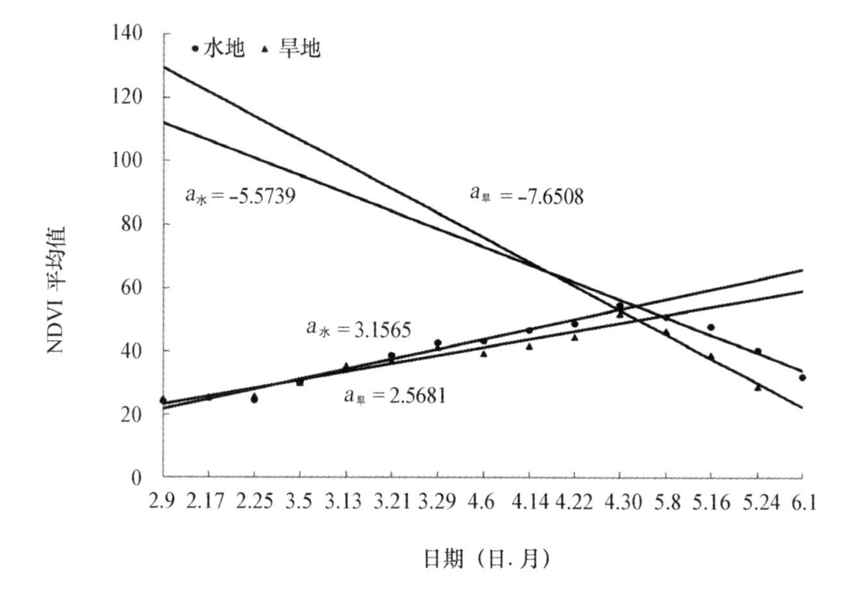

图 5-3　运城地区水旱地冬小麦 NDVI 时间曲线和斜率图

Fig.5-3 The NDVI temporal profiles and slope image of winter wheat with irrigation-land and dry-land in Yuncheng

● irrigation-land　▲dry-land　a = slope

二、高、中、低产量冬小麦的 NDVI 变化特征

本试验在晋中、临汾、运城 3 个地区分别选择有代表性的高产(单产≥4500 kg/hm²)、中产(单产 3000～4500 kg/hm²)、低产(单产≤3000 kg/hm²)实验样点,进行不同产量水平的冬小麦 NDVI 变化特征分析。如图 5-4 至图 5-6 分别为晋中、临汾和运城地区冬小麦高、中、低产 NDVI 时间曲线图,拟合结果与拟合精度如表 5-1 所示。

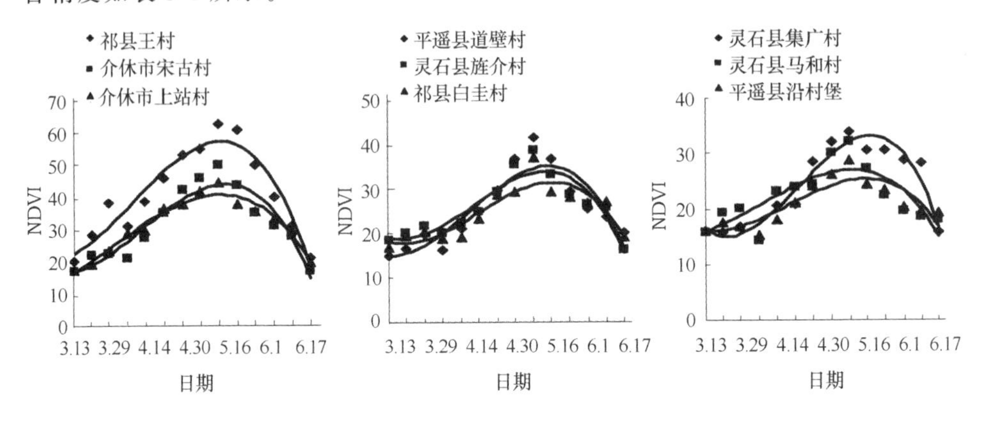

图 5-4 晋中地区冬小麦高、中、低产 NDVI 时间曲线

Fig. 5-4 The NDVI temporal profiles of winter wheat with high、middle、low yield in Jinzhong

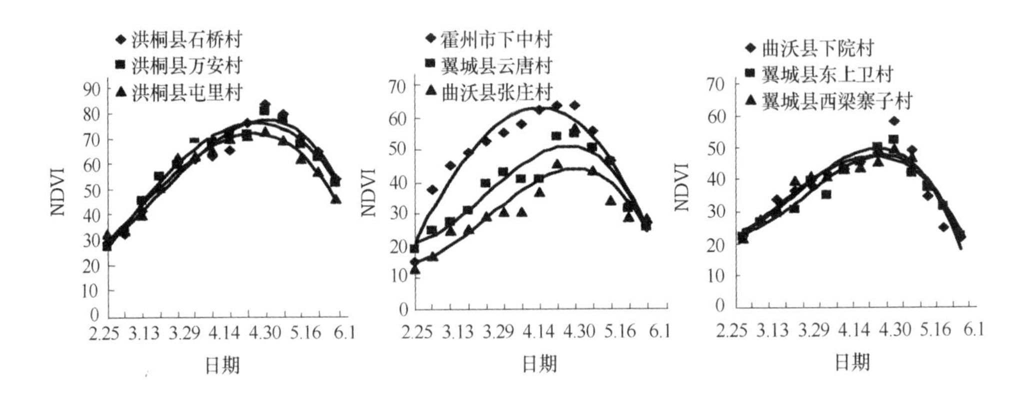

图 5-5 临汾地区冬小麦高、中、低产 NDVI 时间曲线

Fig. 5-5 The NDVI temporal profiles of winter wheat with high、middle、low yield in Linfen

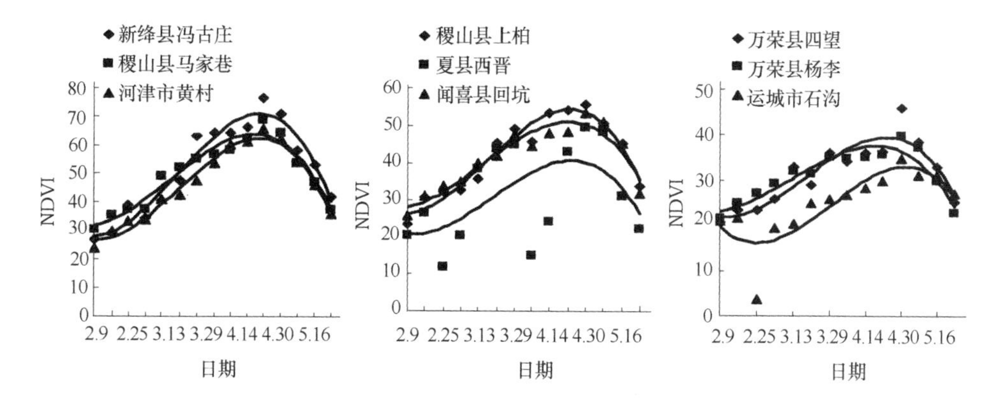

图 5-6 运城地区冬小麦高、中、低产 NDVI 时间曲线

Fig. 5-6 The NDVI temporal profiles of winter wheat with high、middle、low yield in Yuncheng

表 5-1 研究区高、中、低产量冬小麦 NDVI 时间曲线拟合结果

Tab. 5-1 Imitating results of the NDVI temporal profiles of winter wheat with high、middle、low yield in study area

产量 Yield	采样点 Sampling point		拟合方程（NDVI = $ax^3 + bx^2 + cx + d$）				决定系数
			a	b	c	d	R^2
高产	晋中	祁县王村	-0.0864	1.1317	0.8942	20.666	0.9171
		介休市宋古村	-0.0766	1.1254	-0.9189	17.044	0.8911
		介休市上站村	-0.0399	0.3979	2.6796	13.655	0.9583
	临汾	洪洞县石桥村	-0.0695	0.8864	3.3275	24.905	0.9500
		洪洞县万安村	-0.0322	-0.0566	9.6842	16.831	0.9687
		洪洞县屯里村	-0.045	0.2698	6.7038	22.236	0.9722
	运城	闻喜县蔺家庄	-0.0653	1.0382	-1.1378	28.891	0.9018
		新绛县孝陵村	-0.0567	1.0080	-2.2890	27.381	0.8941
		闻喜县上岭后村	-0.0545	0.9191	-2.2259	24.905	0.8383
中产	晋中	平遥县道壁村	-0.0628	1.0344	-2.1551	16.061	0.8260
		灵石县旌介村	-0.0604	1.0314	-2.9854	20.999	0.8574
		祁县白圭村	-0.0493	0.8772	-2.6907	19.899	0.8106
	临汾	霍州市下中村	-0.0145	-0.6049	12.4800	8.6064	0.9381
		翼城县云唐村	-0.0739	1.0921	-0.5154	20.193	0.9053
		曲沃县张庄村	-0.0639	0.9828	-0.5232	14.269	0.8034
	运城	稷山县上柏村	-0.0700	1.1412	-1.6491	26.857	0.9460
		夏县西晋村	-0.0575	0.9977	-2.3949	22.324	0.3151
		闻喜县回坑村	-0.052	0.8086	-0.5616	27.893	0.9059

续表 5-1

产量 Yield		采样点 Sampling point	拟合方程(NDVI = ax^3+bx^2+cx+d) a	b	c	d	决定系数 R^2
低产	晋中	灵石县集广村	−0.0714	1.3312	−4.8625	20.001	0.9242
		灵石县马和村	−0.0260	0.3315	0.4363	15.229	0.6524
		平遥县沿村堡村	−0.0294	0.4926	−1.1001	16.565	0.7533
	临汾	曲沃县下院村	−0.0651	0.8338	0.7728	22.653	0.8607
		翼城县东上卫村	−0.0657	0.9312	−0.2733	22.534	0.9263
		翼城县西梁寨子村	−0.0343	0.2235	3.9448	18.698	0.9382
	运城	万荣县四望村	−0.0502	0.8605	−1.9181	23.024	0.8360
		万荣县杨李村	−0.0359	0.5244	−0.1782	22.851	0.8881
		运城市石沟村	−0.0601	1.2883	−6.1229	24.564	0.7055

从图 5-4 至图 5-6 可以看出,不同产量水平冬小麦在 NDVI 达到最大值有着明显的不同。晋中地区高产的 3 个实验样点 NDVI 值在 44～66,中产的 37～41,低产的 28～33;临汾地区高产的 72～83,中产的 54～63,低产的49～58;运城地区高产的 65～76,中产的 49～55,低产的 34～45。$NDVI_{max}$值与产量具有明显的正效应,即较高的 $NDVI_{max}$值对应较大的产量,而较低的 $NDVI_{max}$值则对应较小的产量。较高的 $NDVI_{max}$表明冬小麦在生育期内环境适宜,受限制较少,各种胁迫程度较低,营养器官发育良好,叶面积较大,为花期的顺利进行奠定了良好的物质基础,最终导致高产;较低的 $NDVI_{max}$表明冬小麦在营养生长阶段受到了各种环境因素的限制,导致其难以满足生殖生长阶段所需的营养物质,导致较小的单位面积产量。从图 5-5 可以看出,临汾地区中产和低产冬小麦 $NDVI_{max}$值出现交集,即 54～58,但与中产冬小麦相比,低产冬小麦从 NDVI 达到最大值以后下降速率明显增大,最终导致其产量小于中产冬小麦。

第二节　长势空间监测

长势空间差异主要是利用空间分布的冬小麦植被指数值的高低来判断该时期冬小麦的长势。水旱地冬小麦由于生育时期不同,其长势在空间上有较大的差异。本研究利用 ENVI 软件提供的密度分割功能对冬小麦植被指数进行分类,判别冬小麦的长势。图 5-7 为 2007 年水旱地冬小麦抽穗期 NDVI 值分类图(另见彩图 5-7)。

以临汾地区为例,从图 5-8 中可以看出,洪洞南部、临汾中北部、襄汾北部、翼城南部地区水地冬小麦 NDVI 值较高,0.6557～0.7835;NDVI 值 0.5279～0.6557也主要分布在这几个地区;较低的冬小麦 NDVI 值各地区均有分布(另见彩图5-8)。而NDVI值较高的旱地冬小麦主要分布在霍州、洪洞、临汾、乡宁、襄汾、翼城、浮山等县区;NDVI值为0.3926～0.4803的冬小麦各区县均有分布;NDVI值最小的冬小麦主要分布在汾西、霍州、洪洞、古县、浮山、翼城等县。

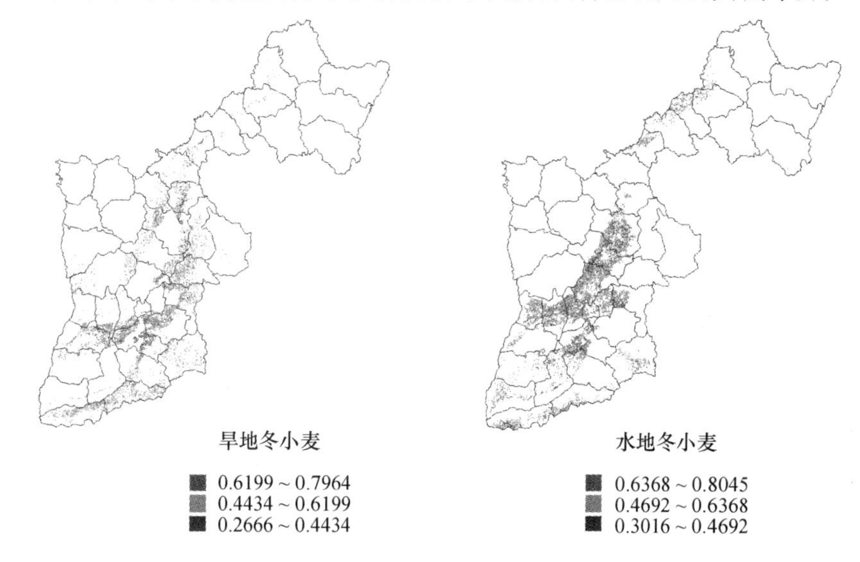

图5-7　2007年抽穗期水旱地冬小麦长势分类

Fig.5-7　Growing situation monitoring image of irrigation-land winter wheat

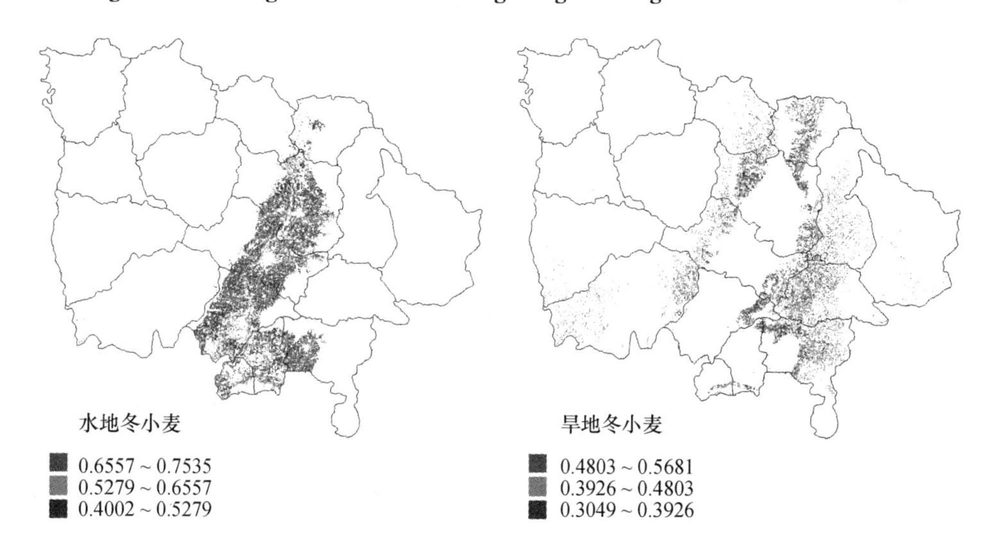

图5-8　2007年抽穗期水旱地冬小麦长势分类

Fig.5-8 Growing situation monitoring image of irrigation-land winter wheat in Linfen

第三节 年同期长势监测

一、年同期长势监测方法

年同期长势比较，即将得到的当年内同期的指数图像与前一年同期或多年的指数图像相比较进行整体评测（武建军等，2002）。

本研究选择相邻年份归一化差值植被指数比值方法来进行监测。即：

$$a = NDVI_i / NDVI_j$$

式中，$NDVI_i$ 为当年同期冬小麦归一化差值植被指数，$NDVI_j$ 为前一年同期冬小麦归一化差值植被指数。如果 $a>1$，表示当年冬小麦长势好于去年；如果 $a<1$，则表示当年冬小麦长势差于去年；如果 $a=1$（或近似于1），则表示当年冬小麦与去年长势相当。

冬小麦长势监测以年同期长势比较最佳，但由于MODIS卫星资料的存档历史不够长，以及资料定标问题，很难获得正常年份数据集，本研究选择相邻年份归一化差值植被指数比值方法来进行监测。根据归一化差值植被指数比值的大小将冬小麦长势分为比去年好、比去年稍好、与去年持平、比去年稍差和比去年差5个等级，如图5-9所示。

二、年同期长势监测统计分析

以临汾市为例，分别选取2006—2007年拔节期（4月中旬）、孕穗期（4月下旬）、抽穗期（5月上旬）和灌浆期（5月中旬）4个生长关键时期MODIS遥感影像进行水旱地冬小麦长势监测，如图5-10所示（另见彩图5-10）。

利用ENVI软件对长势分类图进行统计，计算不同生育时期各长势类别所占面积和比例，如表5-2所示。

从图5-10和表5-2可以看出，在拔节期69.58%水地冬小麦长势都与去年持平；19.97%的长势好于去年，主要分布在洪洞、临汾、襄汾和曲沃；10.45%的长势比去年差，集中在襄汾、侯马和翼城。此时期旱地冬小麦长势和水地冬小麦长势有着较大的差别，26.59%的长势与去年持平，主要分布在霍州、襄汾、翼城和浮山等县；45.19%的长势比去年好，除安泽外各县均有分布；28.22%的长势比去年差，主要集中在霍州、襄汾、翼城和浮山等县。根据实地调查和气象资料分析，2007年4月上旬襄汾、侯马和翼城等地发生较为严重的冻害，降温前气温已很高，冬小麦发

图 5-9 水旱地冬小麦长势监测图

Fig. 5-9 Growing situation monitoring image of irrigation and dry-land winter wheat

Ⅰ为拔节期，Ⅱ为孕穗期，Ⅲ为抽穗期，Ⅳ为灌浆期

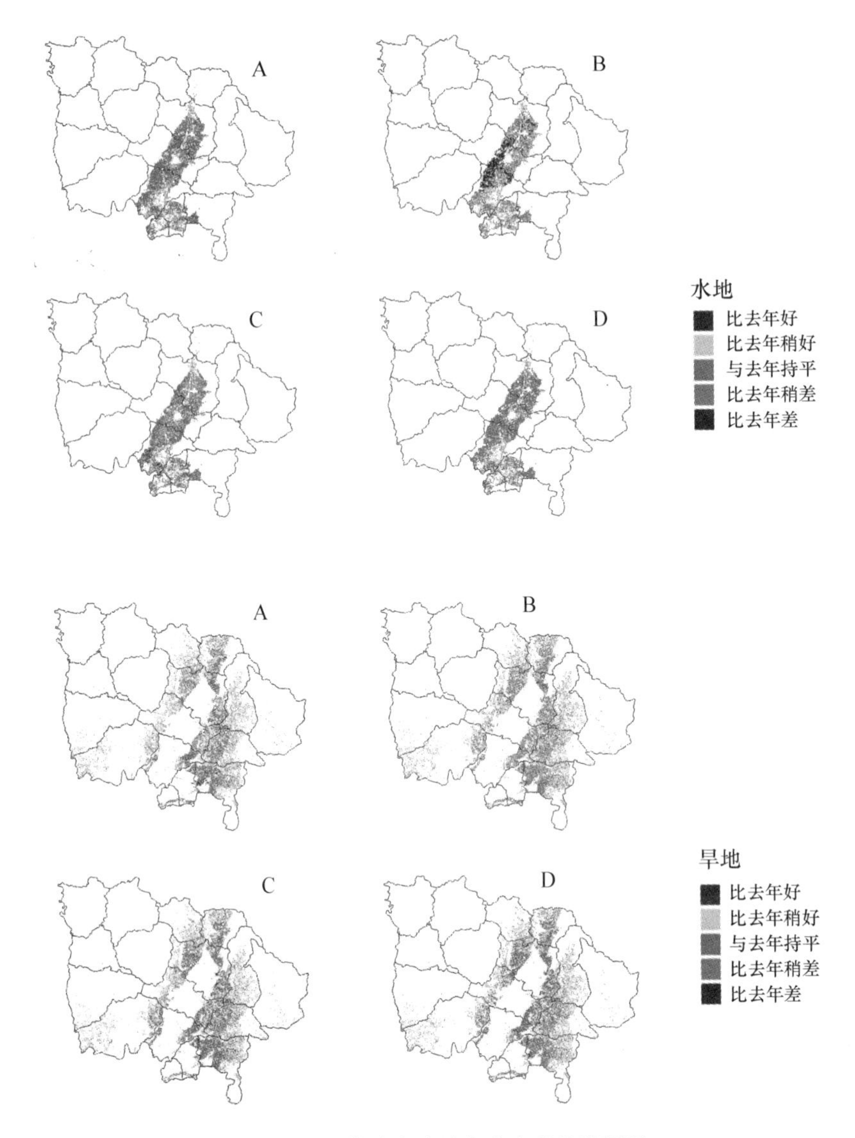

图 5-10 临汾市水地冬小麦长势监测图

Fig. 5-10 Growing situation monitoring image of irrigation and dry-land winter wheat in Linfen

A 为拔节期，B 为孕穗期，C 为抽穗期，D 为灌浆期

表 5-2 临汾市不同灌溉类型冬小麦长势分类表

Tab.5-2 Classification table of growing situation of different irrigation winter wheat

灌溉类型 Irrigation type	分类 Classification	4月7日(拔节期)		4月23日(孕穗期)		5月8日(抽穗期)		5月17日(灌浆期)	
		面积/hm²	比例/%	面积/hm²	比例/%	面积/hm²	比例/%	面积/hm²	比例/%
水地	比去年好	407.9	0.32	27933.4	21.95	325.1	0.26	1038.8	0.82
	比去年稍好	25014.5	19.65	69046.3	54.24	51373.7	40.36	16327.9	12.83
	与去年持平	88560.7	69.58	22305.9	17.52	55382.3	43.50	67223.6	52.81
	比去年稍差	12427.6	9.76	7896.3	6.20	16850.5	13.24	41221.3	32.38
	比去年差	879.5	0.69	108.3	0.09	3358.6	2.64	1478.6	1.16
旱地	比去年好	510.6	0.40	271.6	0.21	1988.0	1.56	467.1	0.37
	比去年稍好	57010.3	44.79	57157	44.90	37934.5	29.80	7642.3	6.00
	与去年持平	33849.9	26.59	63501.1	49.89	47945.0	37.66	74820.7	58.78
	比去年稍差	33524.0	26.34	5545.7	4.36	39124	30.74	43827.8	34.43
	比去年差	2395.3	1.88	814.7	0.64	298.7	0.24	532.3	0.42

育期刚好处于拔节期,抗寒性显著降低,冬小麦受冻害,叶片出现烫伤状,细胞失去膨压,甚至组织柔软,叶色变色,NDVI 降低。旱地冬小麦对于低温表现较为敏感,其受害面积和程度明显高于水地冬小麦。而在孕穗期仅 17.52%水地冬小麦长势比去年持平,76.19%的长势好于去年,其中 21.95%的长势比去年好,主要分布在洪洞、临汾和襄汾,而比去年稍差的地区主要为襄汾和曲沃;旱地冬小麦 45.11%的长势好于去年,48.89%的与去年持平,各县均有分布,翼城、曲沃部分地区比去年差。抽穗期水地冬小麦 40.36%长势比去年稍好,43.50%与去年持平,分布于各县,15.88%的差于去年,主要分布在襄汾、侯马、曲沃等县;此时期旱地冬小麦长势和水地冬小麦长势有较为一致的趋势,但差于去年的占到 30.95%,各县区均有分布。灌浆期水地冬小麦与去年相比,12.83%的长势稍好,分布在洪洞、临汾和襄汾,52.81%的持平,33.54%的稍差,以襄汾、翼城、曲沃最为明显;而 58.78%的旱地冬小麦表现为与去年持平,34.85%差于去年,仅 6.37%的长势好于去年。这主要是由于该时期降雨量明显少于去年,在旱地冬小麦上表现尤为突出,而水地冬小麦普遍进行了灌浆期灌水,但也有部分地区大田管理没有跟进。从整体上来看,前期冬小麦对水分供应的响应并不突出,但随着生育进程的推进,旱地冬小麦对水分的亏缺表现较为敏感,此时降雨量成为制约冬小麦生长的主要因素。同时由于前期发生了较为严重的冻害,致使襄汾、侯马、曲沃和翼城等县部分冬小麦长势在四个生育时期均差于去年。

第四节　小结

在冬小麦生育期内，随着冬小麦生长状况和生长条件的改变，NDVI值发生相应的变化，利用NDVI的变化可以监测冬小麦生长状况，进而监测冬小麦长势。本研究表明影响水旱地冬小麦长势的首要条件为水分，尤以旱地冬小麦对水分最为敏感。通过对返青至抽穗期NDVI值斜率变化可以看出，水地冬小麦NDVI上升速度大于旱地冬小麦；抽穗期到成熟期，水地冬小麦NDVI下降速度小于旱地冬小麦。因此利用冬小麦峰值前和峰值后NDVI变化斜率可以直观地监测作物的长势。利用两年同期MODIS-NDVI数据比值进行冬小麦长势监测，表明随着生育期的推进，水地冬小麦长势基本上好于去年或持平，旱地冬小麦生育后期水分因素成为影响生长发育的主导因子。

冬小麦年同期长势比较分析在水旱地的区分上不明显，但在空间上冬小麦长势分析存在较大的差异，水地冬小麦明显好于旱地，因此进行水旱地冬小麦的提取是必要的。

本章重点分析了水分条件对冬小麦长势的影响，但是由于农田生态系统的复杂性，影响冬小麦长势的因子有很多，而且很多因子是相互作用的。在研究过程中发现虽然两个年份冬小麦种植面积及种植区域较为一致，但也有较少的一部分发生了变化，在一定程度上会影响冬小麦年同期长势监测的精度。另外，随着地下水位的下降及种植条件的改变，部分水地转变为旱地，影响水旱地冬小麦的提取精度，也会影响水旱地冬小麦长势的分析。同时由于作物长势分析是一项长期的、艰巨的工作，因此需要在更长时间跨度综合分析多种生态因子，以提高长势监测的精度。

参考文献

[1] 宏裕闻. 卫星遥感在美国农业上的应用[J]. 全球科技经济瞭望，1997(4)：18-19.
[2] 江东，王乃斌，杨小唤，等. NDVI曲线与农作物长势的时序互动规律[J]. 生态学报，2002，22(2)：247-252.
[3] 李洪星. “3S”技术在水土流失动态监测上的应用[J]. 水土保持研究，2004，11(2)：16-18.
[4] 李卫国，李秉柏. 作物长势遥感监测应用现状和展望[J]. 江苏农业科学，2006(3)：12-15.
[5] 李卫国，王纪华，赵春江，等. 3S技术在作物生长监测与管理中的应用分析[J]. 江

苏农业科学,2006,6:15-17.

[6] 李郁竹. 冬小麦卫星遥感动态监测及估产[M]. 北京:气象出版社,1993:105-107.

[7] 毛学森,张永强,沈彦俊. 冬小麦植被指数变化及其影响因子初探[J]. 中国生态农业学报,2003,11(2):35-36.

[8] 吴炳方. 全国农情监测与估产的运行化遥感方法[J]. 地理学报,2000,55(1):25-35.

[9] 武建军,杨勤业. 干旱区农作物长势综合监测[J]. 地理研究,2002,21(5):593-598.

[10] 周清波. 国内外农情遥感现状与发展趋势[J]. 中国农业资源与区划,2004,25(5):9-14.

[11] Giorgio G, Fabio R and Piazza D. Ensembles of neural networks for soft classification of remote sensing images[A]. Proc. of the European Symposium on Intelligent Techniques, Bari, Italy, 1997:166-170.

[12] Rasmussen M S. Operational yield forecast using AVHRR NDVI data: reduction of environmental and inter-annual variability [J]. International Journal of Remote Sensing, 1997, 18(5): 1059-1077.

[13] Roberto B, Rossini P. On the use of NDVI profiles as a tool for agricultural statistics: The case study of wheat yield estimate and forecast in Emilia Romana [J]. Remote Sensing Environment, 1993, 45: 311-326.

第六章　冬小麦干旱及冻害遥感监测

旱灾是我国农业最主要的自然灾害，已成为对我国农业生产影响最严重的气象灾害。与其他自然灾害相比，它出现的频率最高，持续时间最长，影响的范围最大，对农业生产的直接损失也最重。因此，干旱监测对于各级政府和领导及时了解旱情程度和分布，采取积极有效的防、抗旱措施，科学指挥农业生产，具有重要意义。传统的干旱监测是用稀疏散点上的土壤含水量数据来监测干旱的程度及范围，目前，国内外对干旱的研究多采用这种方法，并在实践中得到广泛的应用(Palmer，1965；Li，1992；Mckee 等，1993；Mckee 等，1995；Wang 等，1998；Guttman，1999)。然而该方法代表性差，无法实现大范围、实时、动态的干旱动态监测(邓玉娇等，2006)。卫星遥感资料因其宏观、动态、客观、时效性好的特点(延昊等，2004)，为大范围的干旱灾害监测提供了一种高效、便捷的技术平台。国内外许多的学者利用卫星遥感资料进行了大量的研究(Teng，1990；Lozano-Garcia 等，1995；Gillies 等，1995；Mcvicar 等，2001；LEI 等，2003；宇都宫二郎等，1990；肖乾广等，1994；陈维英等，1994；罗秀陵等，1996；居为民等，1996；武晓波等，；周咏梅，1998；陈怀亮等，1999；王鹏新等，2001；纪瑞鹏等，2005)。

冻害是研究区冬小麦经常遭遇的气象灾害。传统的冻害监测方法，是通过当地定点观测的地面最低温度，结合冬小麦的发育期，推算当地冻害的程度，再通过大田随机调查估计冻害面积。传统监测方法无法准确确定大范围最低温度的时空变化特征，在农业气象服务中，也就无法实现冻害的大面积精确监测及准确统计(张雪芬等，2006)。而遥感监测可以迅速估计灾害的发生与范围，具有重要的经济意义。虽然遥感在灾害监测方面已取得了很大的发展(Pantaleoni 等，2007；Pu 等，2007；Brown 等，2002；Jin 等，2003；Kaufman 等，1998；梁天刚等，2004；覃志豪等，2005；赵文化等，2008；刘兴元等，2006；裴志远等，1999)，然而在冻害监测上却研究较少。

因此，本章利用较高空间分辨率的多时相 MODIS 数据，利用植被供水指数(Vegetation Supply Water Index，VSWI)并结合研究区降雨量分布图来监测研究区冬小麦干旱情况的发生，利用归一化差值植被指数（NDVI）在遭受冻害后发生突变的特征来监测冻害的发生以及冬小麦冻害的空间分布。并提出使用冬小麦生长恢复度（Growth Recovery Rate，GRR）来监测冬小麦遭受冻害的严重程度，建立冬小麦生长恢复度和产量之间的相关性，以期为冬小麦冻害和干旱监测提供理论依据，这对研究区冬小麦冻害和旱灾的实时诊断以及抗灾、防灾和减灾决策的制定具有重要的意义。

第一节　干旱监测

本章采用植被供水指数法进行 2007 年研究区冬小麦干旱灾害遥感监测。植被供水指数法的物理意义是：作物受旱时，冠层通过关闭部分气孔而减少蒸腾量，避免过多失去水分而枯死，蒸腾减少后，卫星遥感的作物冠层温度增高，归一化植被指数减小。作物在一定的生育期，冠层温度的高低，是度量作物受旱程度的一种标准。植被供水指数综合考虑了 NDVI 和植被冠层温度，国家卫星中心提出的植被供水指数（Vegetation Supply Water Index，VSWI）的定义为：

$$\mathrm{VSWI} = T_S/\mathrm{NDVI}$$

其中，NDVI 为归一化差值植被指数，T_S为植被的冠层温度，VSWI 为植被供水指数，表示植被受旱程度的相对大小。

但是由于试验所获得的 MODIS-NDVI 与 T_S图像数据具有不同的空间分辨率，因此不能直接进行图像之间的运算，需要对图像做进一步的处理。本研究根据二者之间空间分辨率的关系，利用 ENVI 对 T_S图像进行空间分辨率的调整，使其达到 250 m×250 m 的分辨率，存储为 ENVI 标准文件。

本研究采用植被供水指数法，选取了四个时相（其中Ⅰ、Ⅱ、Ⅲ、Ⅳ所代表的日期分别为 3 月 6 日至 3 月 13 日，4 月 7 日至 4 月 14 日，5 月 9 日至 5 月 16 日，5 月 25 日至 6 月 1 日），对研究区域的干旱情况进行了分析。

利用 ENVI 软件输入研究区各时期的归一化差值植被指数（图 6-1）及陆地表面温度影像（图 6-2），通过二者的比值运算得到各时期的植被供水指数图（图 6-3，另见彩图 6-3）。

结合研究区的 NDVI 及温度分布可以看出，当 NDVI 越大、LST 越小时，VSWI 越小，表明植被的长势较好，干旱程度越低；反之，当 NDVI 越小、LST 越大时，VSWI 越大，表明植被的长势较差，干旱程度越高。

为了得到研究区的冬小麦植被供水指数，分析其旱情分布。利用软件 ArcGis 及 TM 数据提取了研究区冬小麦的分布。利用 ENVI 软件结合晋中、临汾和运城 3 个地区冬小麦空间分布图与研究区的植被供水指数分布图，得到研究区域冬小麦的植被供水指数图，即干旱分布图(图 6-4，另见彩图 6-4)。

3 月中旬，研究区冬小麦都处于返青期，结合气象资料，气温为 5～8℃，降雨量为 10～30 mm，为小麦的幼苗生长提供了良好的温、水条件，其植被供水指数相对较低，全市各县小麦没有水分胁迫而发生干旱；4 月中旬，冬小麦为拔节期，随着气温上升到 16℃左右，小麦植株体积迅速增大，该期降水虽然只有 3～7 mm，但整体并没有受到干旱，只有运城地区的盐湖区和临猗县受到了轻微的干旱影响；进入 5 月中下旬，小麦已完成抽穗，此时气温已上升到 21～25℃，植株水分散失加快，再加上 5 月上、中旬降雨量只有 10 mm 左右，5 月中旬时，运城地区的盐湖区、临猗、万荣、芮城和临汾地区的尧都区、吉县都发生了中度干旱，而晋中市部分地区发生轻度干旱；5 月下旬时，运城地区盐湖区发生了中度干旱，芮城县则发生了重度干旱；临汾地区尧都区和吉县发生了中度干旱。

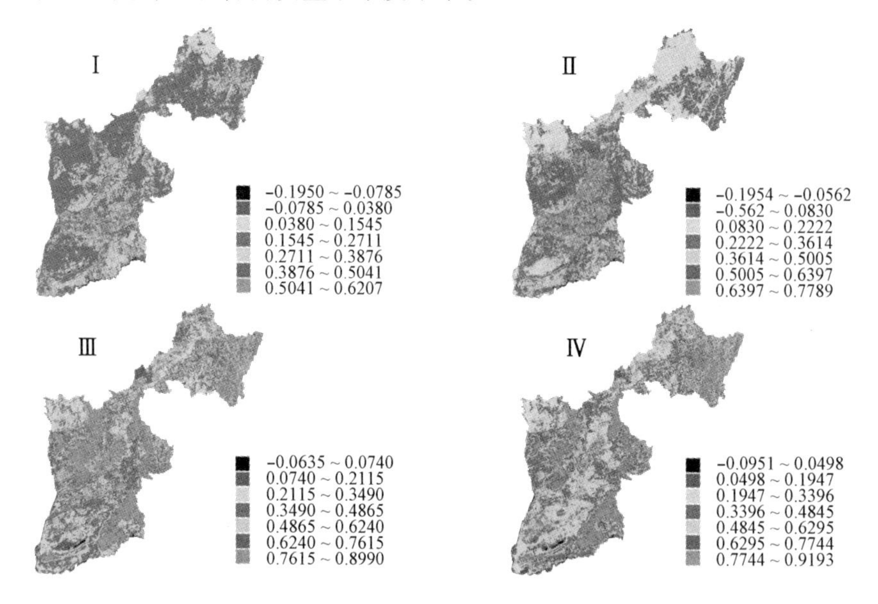

图 6-1　研究区不同时期植被 NDVI 分布

Fig.6-1　The NDVI of different periods of the investigated area

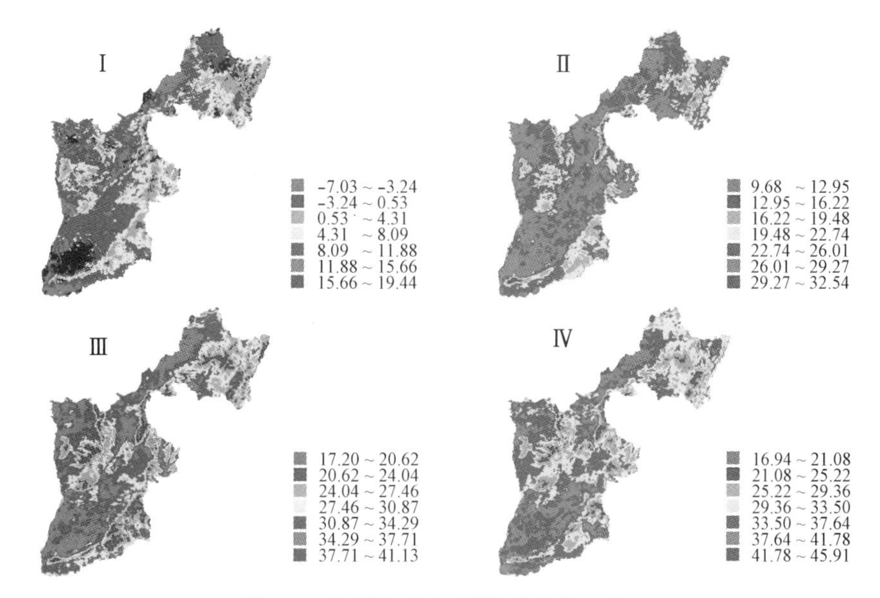

图 6-2 研究区不同时期的地表温度分布

Fig. 6-2 The land surface temperature of different periods of the investigated area

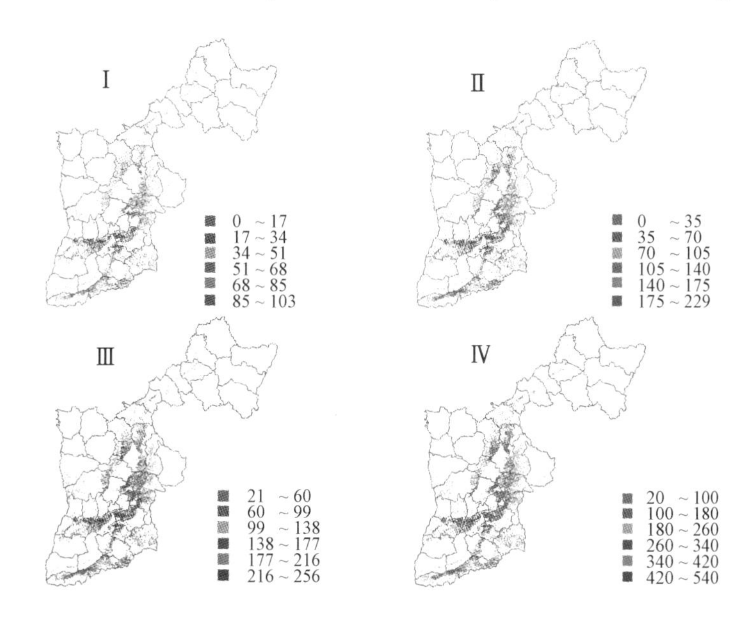

图 6-3 不同时期旱地冬小麦供水指数分布

Fig. 6-3 The vegetation supply water index of dry-land winter wheat at different periods

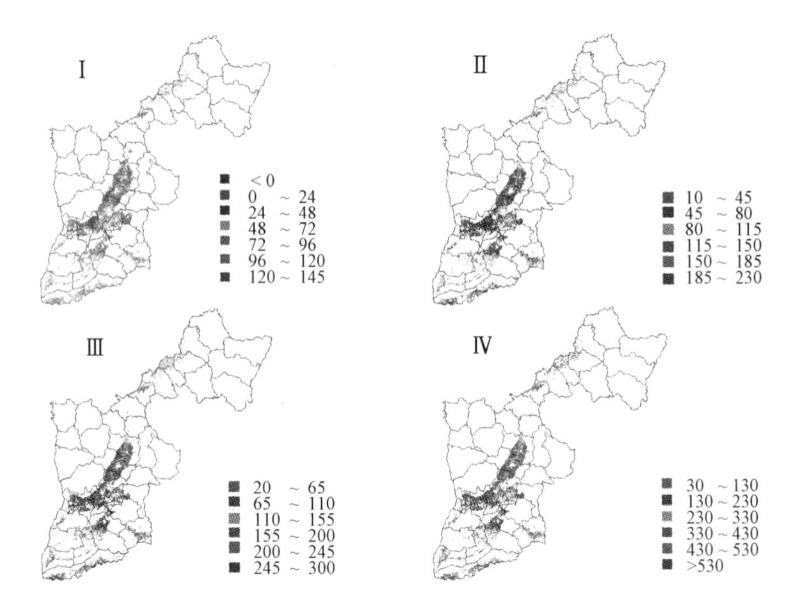

图 6-4 不同时期水地冬小麦供水指数分布

Fig. 6-4 The vegetation supply water index of irrigation land winter wheat at different periods

同时，从图 6-3 和图 6-4 可以看出，同一时期旱地冬小麦和水地冬小麦 VSWI 极值是不相同的，水地冬小麦区间较宽。因此，冬小麦干旱状况的监测应该区分水地和旱地，以实现精确监测干旱的发生和等级。另外，不同生育时期旱情等级的划分是不同的，冬小麦生育前期植被指数和地表温度都比较低，当地表温度相对较低时，会引起 VSWI 偏小，但并不能说明该区域没有发生干旱，因此要根据具体的情况进行干旱的具体分析。

第二节　冻害监测

一、冬小麦冻害的危害

在全球气候变暖的背景下，极端天气气候事件出现的频率和强度增大，所造成的灾害损失也在不断增加。农作物在生长发育过程中，当温度下降到适宜温度的下限时，作物就延迟或停止生长，这就是所谓的低温灾害。而越冬作物在越冬期间或冻融交替的早春或深秋，遭遇 0℃ 以下甚至 - 20℃ 的低温或者长期处于 0℃ 以下，作物因体内水分结冰或者丧失生理活力，从而造成植株死亡或部分死亡的低温灾害就是冻害。

冬小麦冻害的发生与其所处生育时期有着密切的关系,不同生育时期对低温的抵抗能力有着明显的差异,如图 6-5 所示。

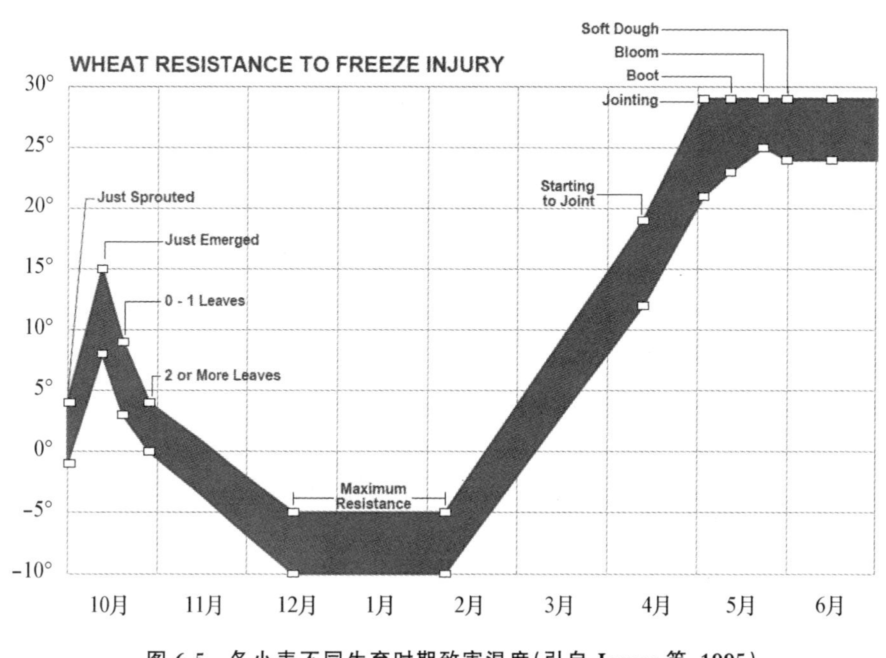

图 6-5 冬小麦不同生育时期致害温度(引自 James 等,1995)

Fig. 6-5 Temperatures that cause freeze injury to winter wheat at different growth stages

研究区冬小麦晚霜冻害较为严重,南部麦区终霜期在 3 月底、4 月初,此时冬小麦进入起身拔节期,生长锥发育进入小穗分化期,已逐渐失去抗寒能力。但在 4 月上中旬,常有西北冷气团南移入侵造成的大风降温天气(图 6-6),形成霜冻,致使冬小麦叶片失绿、脱水,逐渐枯黄(图 6-7),对冬小麦生长造成严重的影响,另见彩图 6-6 和彩图 6-7。

冻害对作物的生长发育造成严重的影响,最终影响作物的产量,从而使粮食安全问题显得更为突出。因此,对冷冻害的监测及灾后的作物田间管理提出了更高的要求。

冻害是作物常见的灾害之一,农业部门及各地方政府等相关部门都对农作物灾害的实时监测极为关注。但长期以来,作物的受灾状况基本是通过当地定点观测的地面最低温度,结合作物的发育期,推算当地冻害的程度,再通过大田随机调查估计冻害面积。这种传统监测方法无法准确确定大范围最低温度的时空变化特征,在农业气象服务中,也就无法实现冻害的大面积精确监测及准确统计。而且由于调查时的灾情等级判断易受人为主观因素的影响,其标准的掌握难以统一,数据准确性不足,因而影响了灾情数据的空间可比性。遥感技术的发展为其提供了强有力的手段。目前利用遥感技术进行冻害监测主要包括近地遥感监测方法和大尺度遥感监测方法。

图 6-6　冬小麦拔节期降温降雪

Fig. 6-6　Cooling and snowfall at wheat jointing stage

图 6-7　冬小麦拔节期冻害后表现

Fig. 6-7　Growth status of winter wheat at jointing stage after freeze injury

二、冻害监测方法

（一）近地遥感监测方法

利用不同低温胁迫处理冠层光谱差异分析冻害严重程度。对原始光谱进行微分变化来分析光谱差异。光谱数据的微分采用差分计算（即一阶导数光谱）：

$$R'(\lambda_i) = \frac{R\lambda_{i+1} + R\lambda_{i-1}}{\lambda_{i+1} + \lambda_{i-1}}$$

式中，R'为反射率光谱的一阶导数光谱，R 为反射率，λ 为波长，i 为光谱通道。

定量描述植被光谱红边特征的红边参数有：①红边位置（λ_{red}）：在 680～760 nm波段内一阶导数光谱的最大值所对应的波长。②红边幅值（$D\lambda_{red}$）：当波长为红边位置时的一阶微分值。③红边面积（$S\lambda_{red}$）：也叫红边峰值面积，是指 680～760 nm 的一阶导数光谱所包围的面积（无量纲）（黄敬峰等，2006）。

（二）大尺度遥感监测方法

1. 基于 NDVI 变化特征监测

利用相邻时期 MODIS 归一化差值植被指数的差值，来进行冻害的监测。即

$$\beta = NDVI_2 - NDVI_1$$

式中，$NDVI_1$为冻害发生前的一个时期，$NDVI_2$为冻害发生时期。

如果 $\beta>0$，表示冬小麦没有受到冻害；如果 $\beta=0$，表示冬小麦生长受到了抑制；如果 $\beta<0$，表示冬小麦发生冻害。同时也可以看出，β 值越小，则表明冬小麦受害程度越大。

利用冻害发生前后两个时期 MODIS 归一化植被指数的差值，来进行冬小麦冻害发生后生长恢复度（GRR）的监测。即

$$GRR = NDVI_3 - NDVI_1$$

式中，$NDVI_1$为发生冻害前一个时期 NDVI 值，$NDVI_3$为冻害发生后一个时期 NDVI 值。

如果 $GRR>0$，表示冬小麦基本没有遭受冻害或冻害较轻，恢复情况良好；如果 $GRR=0$，表示冬小麦遭受冻害，恢复到了冻害发生前的水平；如果 $GRR<0$，表示冬小麦遭受冻害较重，仍没有恢复到冻害发生前的生长水平。

2.基于变化向量CAV冻害监测

由提取的6种植被指数构建6维空间向量，3期影像上每个像元对应一个6维植被指数向量，即 $P_{i,j}=[t_1,t_2,t_3,t_4,t_5,t_6]$。其中，$t$ 表示上述6种植被指数；i 表示第几期影像，$i=1,2,3$；j 表示某期影像上的第几个像元。$P_{i,j}$ 模长与方向余弦如公式(6-1)所示：

$$\begin{aligned} |P_{i,j}| &= \sqrt{t_1^2, t_2^2, t_3^2, t_4^2, t_5^2, t_6^2} \\ \cos\theta &= \frac{t_n}{|P_{i,j}|}, \quad n = 1,2,3,4,5,6 \end{aligned} \tag{6-1}$$

依据上述6种植被指数组建的空间向量得到每个像元的空间夹角向量 $\theta_{i,j}=[\theta_1,\theta_2,\theta_3,\theta_4,\theta_5,\theta_6]^T$，构建空间夹角变化向量 $\Delta\theta_1=\theta_{2,j}-\theta_{1,j}$，$\Delta\theta_2=\theta_{3,j}-\theta_{2,j}$ 即：

$$\Delta\theta_1 = \begin{Bmatrix} \theta_{2,j,1}-\theta_{1,j,1} \\ \theta_{2,j,2}-\theta_{1,j,2} \\ \theta_{2,j,3}-\theta_{1,j,3} \\ \theta_{2,j,4}-\theta_{1,j,4} \\ \theta_{2,j,5}-\theta_{1,j,5} \\ \theta_{2,j,6}-\theta_{1,j,6} \end{Bmatrix}, \quad \Delta\theta_2 = \begin{Bmatrix} \theta_{3,j,1}-\theta_{2,j,1} \\ \theta_{3,j,2}-\theta_{2,j,2} \\ \theta_{3,j,3}-\theta_{2,j,3} \\ \theta_{3,j,4}-\theta_{2,j,4} \\ \theta_{3,j,5}-\theta_{2,j,5} \\ \theta_{3,j,6}-\theta_{2,j,6} \end{Bmatrix} \tag{6-2}$$

其中，$\Delta\theta_1$ 表示冬小麦是否遭受冻害及冻害严重程度，$\Delta\theta_2$ 表示冬小麦遭受冻害后长势恢复程度。选取 $\Delta\theta_1$、$\Delta\theta_2$ 中角度变化范围最大的一种植被指数作为冻害监测的最佳指标，因为变化范围越大，表明其像元变化程度越明显。

三、冬小麦冻害近地遥感监测研究

(一)冬小麦冻害冠层原始光谱特征

本研究利用低温霜箱对盆栽冬小麦进行了温度胁迫处理，并分析遭受胁迫后光谱的变化特征，如图6-8和彩图6-8所示。4月15日，总体上光谱曲线具有相同的变化趋势，但是在近红外波段差异明显，特别是－6℃时，反射率最高达到0.32，表现为随着低温胁迫程度的加剧，反射率增高，可见光反射率差异不明显。4月20日，CK在可见光区域反射率明显高于其他处理，出现红谷抬升的现象。各处理在近红外波段差异明显，低温胁迫后反射率明显抬高，尤其是－6℃最高可达0.37。4月25日，随着冬小麦生长恢复，在可见光与近红外波段差异都有所减小，但趋势大致相同，红光波段接近水平，红谷不明显，近红外波段最大仅为0.26。4月30

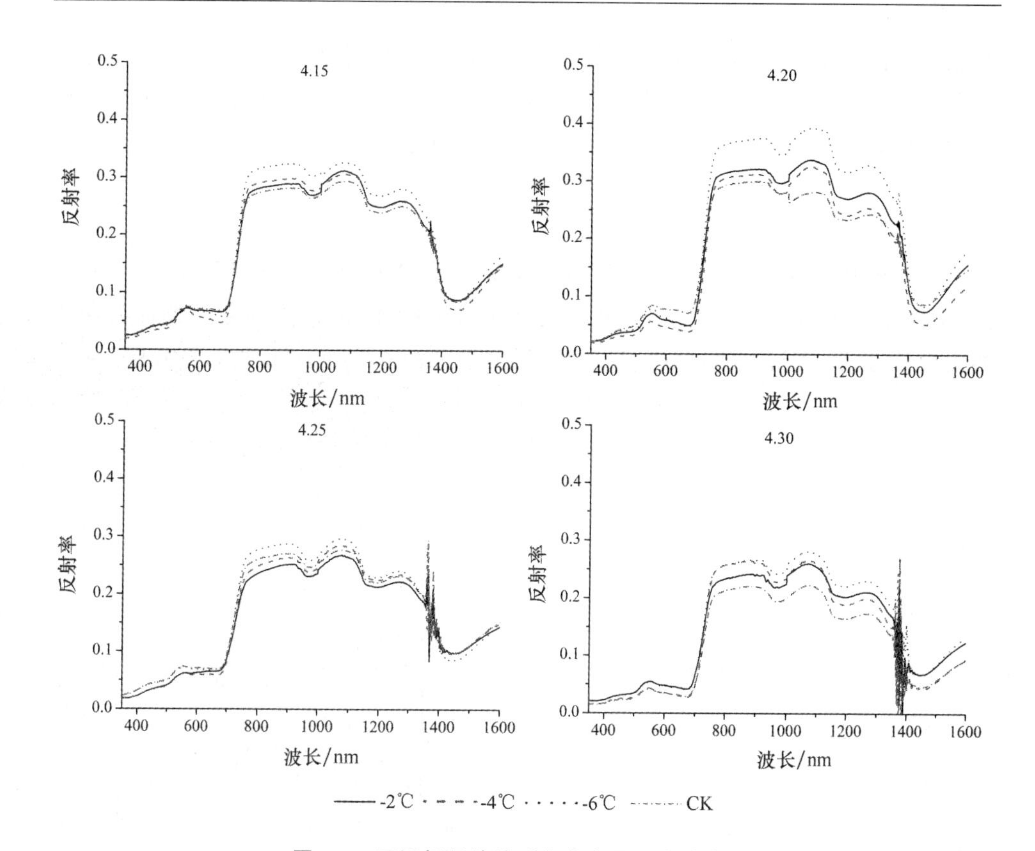

图 6-8　不同低温胁迫后冬小麦冠层光谱变化

Fig.6-8　Change of hyperspectral reflectance for the winter wheat at different dates with low temperature stress

日，此时近红外波段仍有一些差异，反射率却不高，约 0.23，可见光波段不明显。

植株在低温处理一周后，叶片渐渐泛黄，但叶片变黄速度较慢，说明冻害确实造成了植株内在结构的损伤，内在损伤会随生育期逐渐表现出来，但早期无法用肉眼直观判断。低温胁迫后，冬小麦高光谱曲线近红外波动大，反射率有较大升高，且随低温胁迫程度的加剧而升高，在可见光波段，短期内差异虽不明显。4 月 20 日，黄、红波段出现水平趋势，至 4 月 25 日这种现象更为明显，近红外波段差异减小，且 CK 反射率高于 −2℃和 −4℃两处理，变化的原因不明，还有待进一步研究。4 月 30 日近红外与可见光特征差异达到最小。从生理角度来说，冬小麦在遭受低温胁迫以后，植株在短期内不会表现出明显变化，但其内部的损伤会逐渐表现出来，低温胁迫程度越大，表现得越明显，并随着生长进程的推进，出现一定的恢复。

就冠层光谱来讲，冬小麦低温胁迫处理后，外观上没有明显差异，但其冠层光谱却存在较大的波动变化，并随着生育进程的推进，可见光和近红外波段出现了一定规律性变化，表明冠层光谱对拔节期冬小麦的低温胁迫响应是敏感。

（二）冬小麦冻害光谱一阶导数

在研究拔节期冬小麦低温胁迫对冠层原始光谱响应敏感的基础上，对 450～800 nm 光谱数据进行一阶变换，分析其红边参数特征，因一阶导数后特征波段主要出现该波段范围，能够较好地显示特征变化，如图 6-9 所示（另见彩图 6-9）。

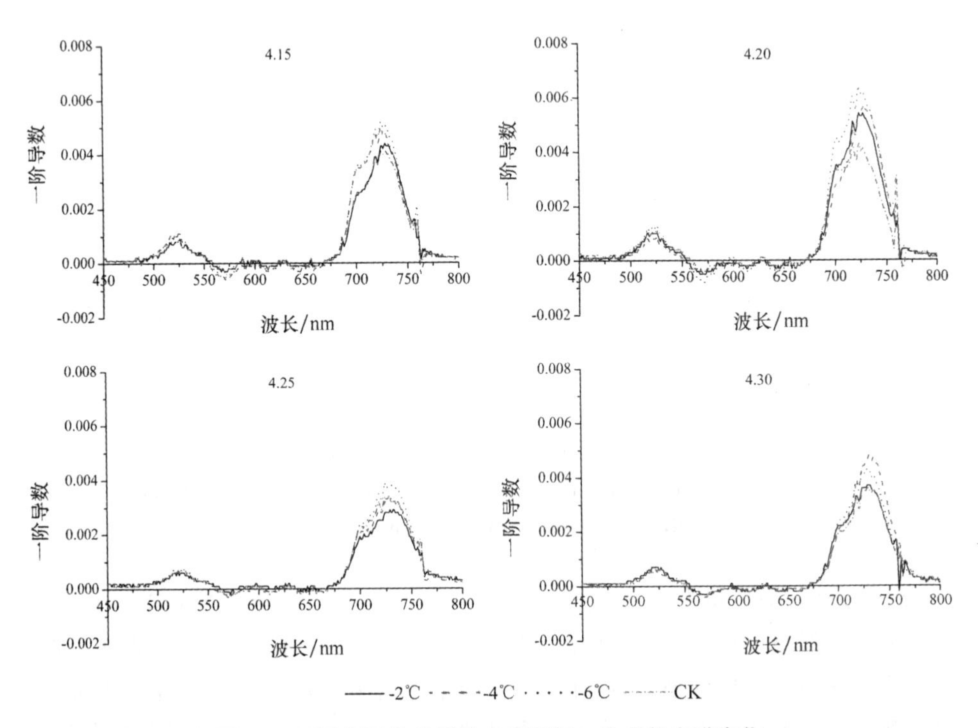

图 6-9　不同低温胁迫后冬小麦冠层一阶导数光谱变化

Fig. 6-9　Change of hyperspectral reflectance curve of first derivation for the winter wheat at different dates with low temperature stress

冬小麦原始光谱数据进行微分处理，获得不同低温胁迫处理的导数光谱(图6-9)。从图中可以看出，各处理光谱在500～550 nm处都有一个峰值，在550～600 nm有一个不明显的波谷，由于可见光波段为叶绿素吸收带，因此反射率和透射率均很低。低温胁迫后，峰值降低，波谷趋于平缓，表明冬小麦叶绿素含量的减少。此外，在波段700～750 nm有一个波峰，该位置是研究原始光谱反射率的一个重要参数，即红边位置。冬小麦在低温胁迫处理后的初始阶段，近红外反射率升高，红边位置向短波方向移动。之后，该峰逐渐减低，和对照组的差异逐渐减小，这种差异缩小的显现可能是由于冬小麦自我修复能力的体现。生理上认为，作物在遭受胁迫以后，作物自身具有一定的自我调节和自我修复能力，以减少胁迫对自身生长发育的损伤。冬小麦同一时期不同低温处理峰值随着低温胁迫程度的加深而升高。以4月20日为例，各处理峰值有明显差异，随处理温度的降低峰值越来越高，各时期基本符合这一规律。

(三)冠层光谱的红边特征

在一阶导数分析的基础上，提取红边参数，选用红边位置、红边面积和红边幅值进行分析，如图6-10所示。

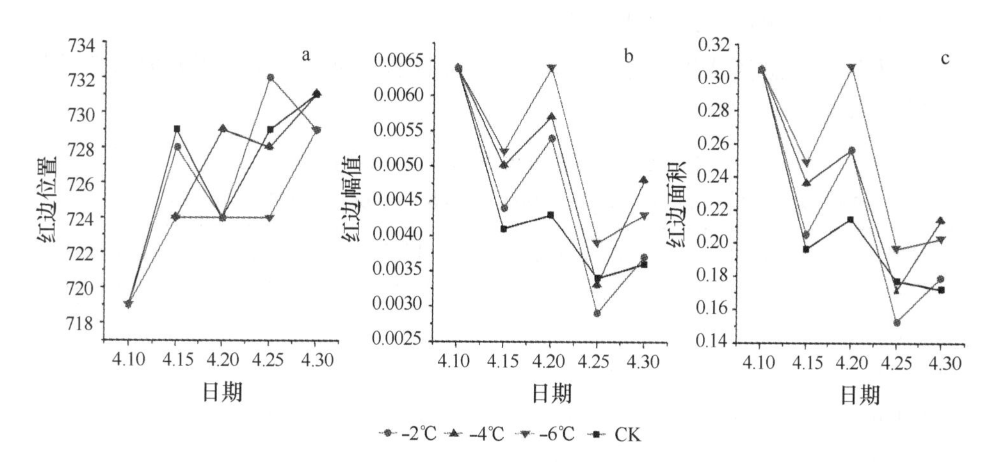

图6-10 不同低温胁迫后冬小麦红边参数变化

Fig.6-10 Change of red edge parameters for the winter wheat at different periods with low temperature stress

由图6-10a(红边位置)可见，在4月15日对照组CK的红边位置在729 nm，处理组-2℃红边位置向右移动1～728 nm，－4℃与－6℃均移至724 nm。表明低温胁迫后，红边位置向短波方向发生移动，“蓝移”现象明显，其他各时间段红边位置变化规律也基本一致。图 6-10b(红边幅值)、图 6-10c(红边面积)中，4 月 15 日对照组 CK 的红边幅值为 0.0041，处理组 -2℃ 红边幅值增大为 0.0044，处理组 -4℃与 -6℃ 分别增大为 0.005 和 0.0052。4 月 15 日对照组 CK 红边面积为 0.1962，处理组-2℃ 红边面积增大为 0.2048，处理组 -4℃ 与 -6℃ 分别增大为 0.2364和 0.2484。可见红边幅值、红边面积都随着温度的降低而逐渐增大，其他各时间段红边幅值与红边面积的变化也均符合这一规律。这主要是由于冬小麦在低温胁迫后，冠层叶片内部组织结构受到损伤，叶绿素含量降低，在光谱曲线上的反应表现为绿峰减弱，红谷出现大幅度抬升所造成的。

四、冬小麦冻害卫星遥感监测研究

(一)冬小麦冻害分析

根据研究区的实地调查以及气象资料，山西南部冬小麦受到的冻害范围较广，其中尤以万荣县最为严重。利用冬小麦生育期的 NDVI 值，结合气象资料，分析万荣县 2007 年冬小麦受冻害的情况。

1. 万荣县 2007 年 2—4 月气象资料

零度以下的温度是冬小麦发生冻害的首要条件。从气象部门得到的万荣县相关气象数据如表 6-1 如示。

表 6-1 万荣县 2007 年 2—4 月气象数据

Tab.6-1 The meteorological data of Feb to Apr in 2007 of Wanrong

日期 Date	平均温度/℃ Average TEMP	极值温度/℃ Extremum TEMP	出现日 Day	降水量/mm Precipitation	日照时数/h Sunshine hours
2 月上旬	2.6	-9.4	1	2	65
2 月中旬	4.4	-4.4	11	0	51
2 月下旬	8.3	0.6	25	10	42
3 月上旬	3.0	-6.1	6	22	51
3 月中旬	5.6	-5.1	11	15	26
3 月下旬	15.0	1.7	21	0	92
4 月上旬	11.6	-4.4	3	0	88
4 月中旬	15.9	3.9	18	3	76
4 月下旬	16.8	3.4	25	1	75

与冬小麦冻害最直接相关的气象要素是最低地面温度。最低气温是任何一个气象站都要观测的要素，而最低地面温度并不是每一个气象站都有的资料。但最低气温、最低地面温度相关极为密切，变化趋势一致。杨邦杰等(2002)通过大量的长期观察，表明最低地面温度通常比最低气温偏低3℃左右。本研究使用最低气温数据，推算相应的最低地温。

最低地面温度的计算公式为：$T_s = 1.042T_a - 3.0$，式中 T_a 为最低气温，T_s 为最低地面温度。

万荣县2—4月的平均温度、最低温度与最高温度的关系如图6-11所示。

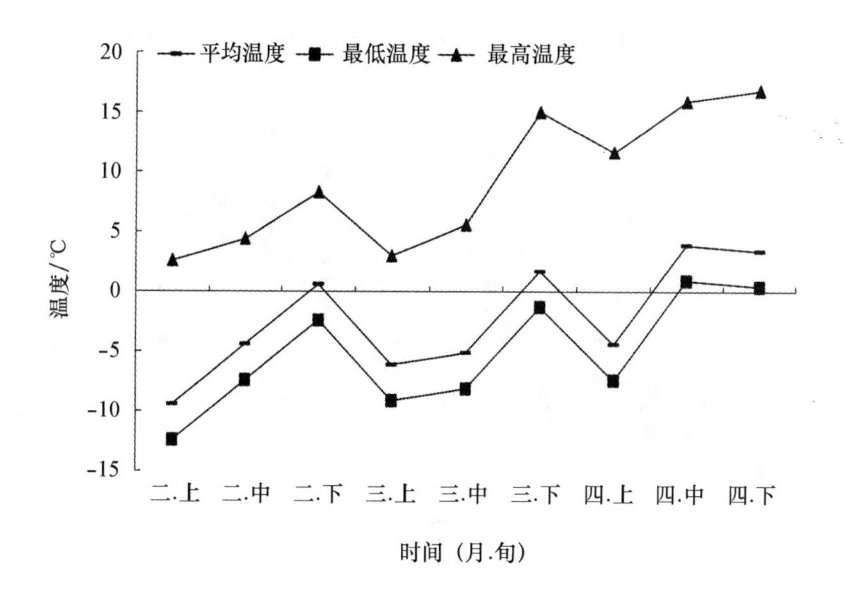

图6-11　万荣县2007年2—4月旬温度变化

Fig. 6-11　The ten days temperature in Wanrong from Feb. to Apr. in 2007

2. 万荣县2007年冬小麦的冻害监测(NDVI时间序列冻害监测)

冻害不但与气温有关，也与生育时期有关。因此很有必要通过分析气温、生育时期与遥感图像特征的关系来分析小麦的冻害情况。

图6-12为2007年万荣县冬小麦NDVI变化图。万荣县2—4月共出现了5次低温天气，分别出现在2月1日，2月11日，3月6日，3月11日和4月3日。发生在2月1日的低温接近-10℃，但此时冬小麦正处于越冬期，它已在冬前气温逐渐下降时完成了抗寒的生理生化变化过程(抗寒锻炼)，体内合成了大量可抗寒的有机物质，抗寒性很强。发生在2月11日和3月的低温天气使得冬小麦的NDVI

值呈现下降的趋势，这个阶段冬小麦处于返青期，抗寒性也较强，调查结果表明，基本未受冻害；但受到低温天气的冬小麦植株保持过冷却状态，体内叶绿素活性减弱，因此对近红外光和红光的敏感度下降，导致 NDVI 下降。发生在 4 月初的温度骤降，虽然其最低气温不如 3 月的两次冷空气强，但却导致了冻害的发生，这是由于此时小麦已进入了拔节期，抗寒性已明显减弱，而且 NDVI 的下降幅度也更大，如解店镇北张户村冬小麦 NDVI 已接近于零。进入 4 月中旬以后直到小麦成熟，气温及最低温度都逐渐上升，不会因低温对小麦的生长造成影响。

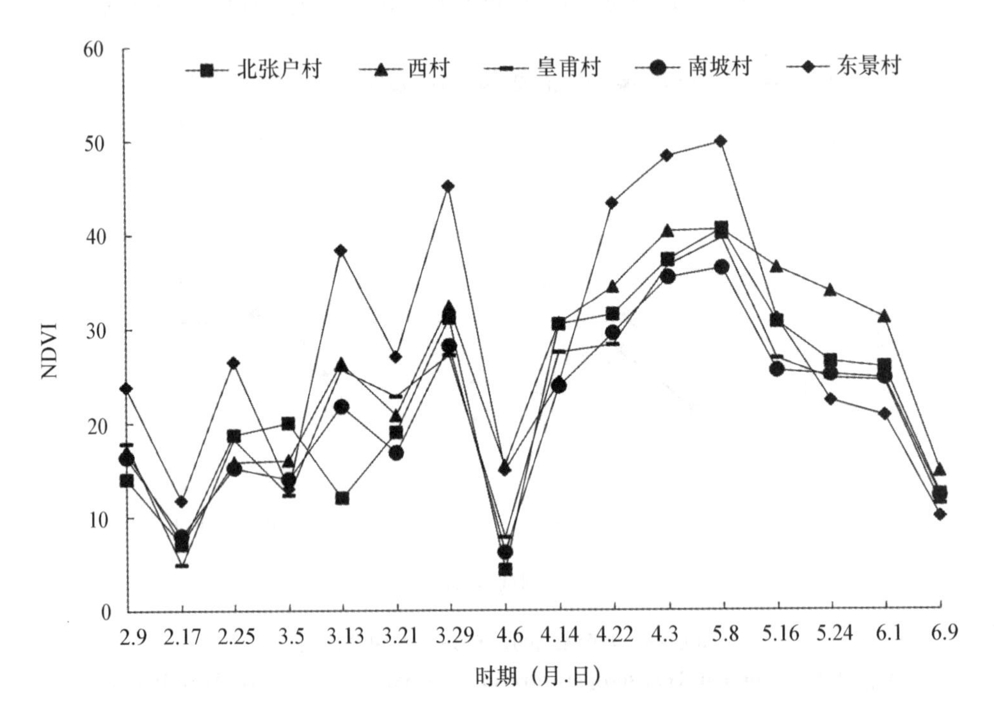

图 6-12　万荣县 2007 年冬小麦 NDVI 变化

Fig. 6-12　The NDVI of winter wheat in Wanrong

以上说明，通过对遥感图像的 NDVI 值的提取，结合气象资料以及小麦生育期的抗寒性大小，可以对冻害情况进行监测。NDVI 的骤降是小麦遭遇低温、发生冻害的显著特征，此时 NDVI 值的大小反映的已不是小麦生物量的大小，而是其活性的强弱。发生冻害的冬小麦，一般根、茎、叶不致冻死，其生物量并没有大的减少，恢复冻害后，NDVI 又与冻害之前的无明显差异。但极不耐寒的花芽分化却受到了冻害的影响，导致成熟时出现了只抽穗而无籽的“哑穗”，严重影响最终的产量。

（二）研究区冬小麦冻害监测

从图 6-12 中可以看出，冬小麦遭受冻害以后，NDVI 值发生骤降。通过上述分析，4 月 3 日的骤然降温导致了冬小麦冻害的发生。因此，可以利用冻害发生的规律进行大面积的冬小麦冻害监测。为了更进一步地分析研究区 2007 年冻害发生的严重程度，我们提取了研究区区域 β 值水平、垂直分布图。如图 6-13、图 6-14 和图 6-15 所示，分别为晋中地区、临汾地区和运城地区 β 值水平、垂直剖面分布图，从图中可以看出，晋中地区冬小麦 β 值在水平、垂直剖面上正值分布多于负值，表明该区冬小麦遭受冻害的程度较轻，同时受害面积也较小；临汾地区冬小麦 β 值在水平、垂直剖面基本上是均匀分布在 0 刻度线两侧，表明该地区冬小麦遭受冻害的程度大于晋中地区，受冻害面积与正常小麦面积基本相同；而运城地区冬小麦 β 值的分布以小于 0 为主，大于 0 的值分布较少，表明该地区冬小麦遭受了严重的冻害，其程度远大于晋中、临汾地区，受害面积也较大。

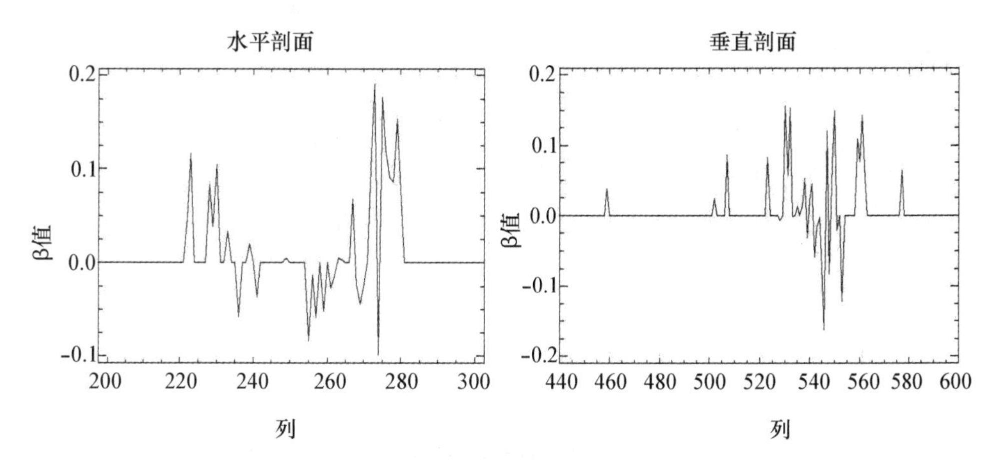

图 6-13　晋中地区冻害监测水平、垂直剖面分布图

Fig.6-13　Horizontal vertical profile distribution image of winter wheat freeze injury in Jinzhong

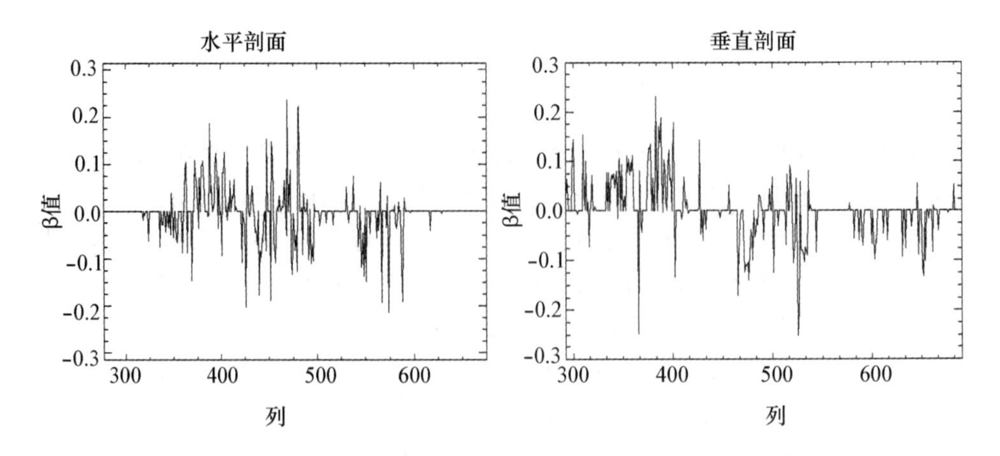

图 6-14 临汾地区冻害监测水平、垂直剖面分布图

Fig. 6-14 Horizontal vertical profile distribution image of winter wheat freeze injury in Linfen

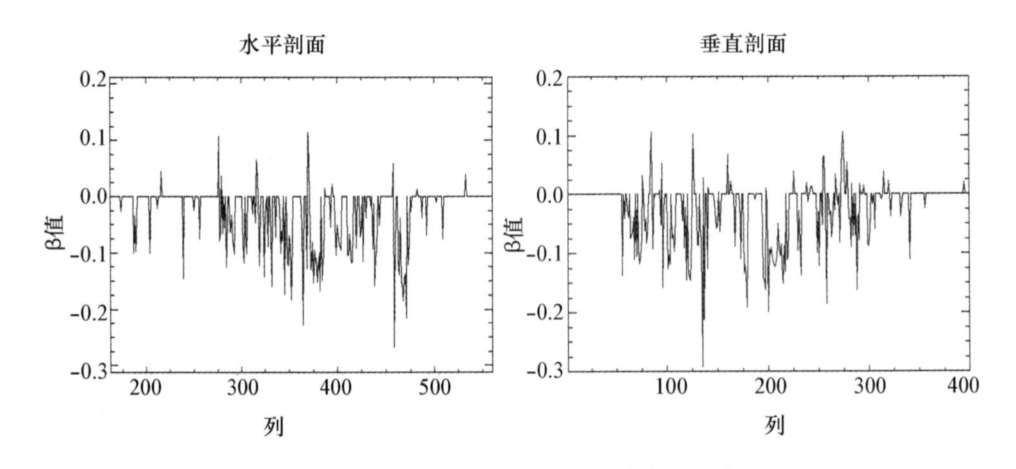

图 6-15 运城地区冻害监测水平、垂直剖面分布图

Fig. 6-15 Horizontal vertical profile distribution image of winter wheat freeze injury in Yuncheng

同时，对 3 个地区的 β 值图像进行了统计分析，如表 6-2 所示。

从表 6-2 中可以看出，运城地区 β 最小值达到了 −0.402262，远小于晋中地区(−0.216596)和临汾地区(−0.375425)，同时，其 β 平均值为 −0.004934，也小于晋中地区(0.000202)和临汾地区(−0.000113)。表明运城地区冬小麦的受害程度均比晋中、临汾地区严重，3 个地区受冻害的程度为运城地区 > 临汾地区 > 晋中地区。这主要是由于在4月3日发生冻害之时,晋中地区冬小麦处于起身末期,临汾地区冬小麦处于拔节初期,运城地区冬小麦处于拔节末期,而拔节时期冬小麦抗寒性已明显减弱,因此也就导致运城、临汾地区冻害程度远较晋中地区严重。

表6-2 研究区β值统计表

Tab.6-2 Statistical table of βvalue in study area

区域 District	Min	Max	Mean	Stdev
晋中	−0.216596	0.349469	0.000202	0.004297
临汾	−0.375425	0.376962	−0.000113	0.019976
运城	−0.402262	0.416574	−0.004934	0.026041

以0刻度线为基准,利用β的正负值的分布制作冬小麦冻害空间分布图,如图6-16所示。从冬小麦冻害空间分布图提取的冬小麦遭受冻害面积并统计其所占像元数,乘以每一像元所代表的实地面积,得到冬小麦冻害遥感监测面积(表6-3)。

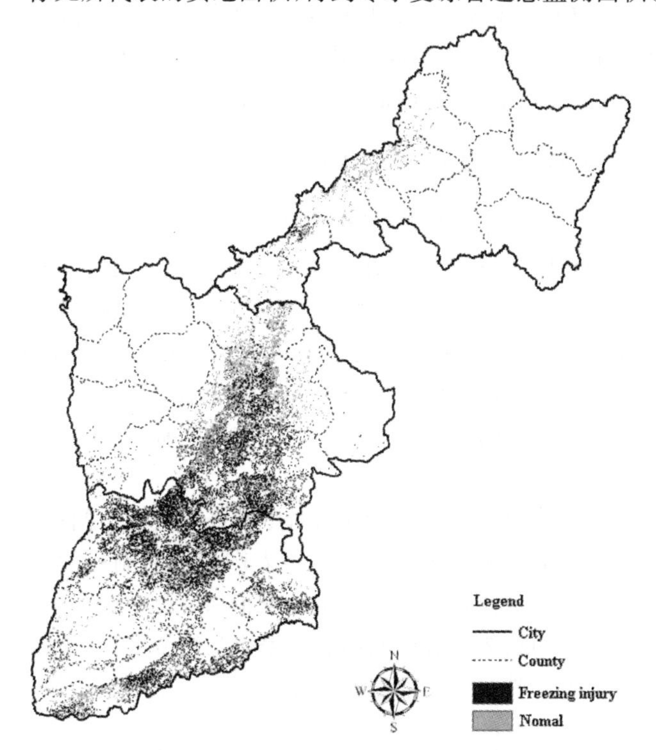

图6-16 研究区冬小麦冻害空间分布图

Fig.6-16 Spacial distribution image of winter wheat freeze injury in study area

表 6-3 冬小麦冻害面积监测

Tab. 6-3 Monitoring of wheat freeze injury area

区域 District	冻害 freeze injury			正常 normal		
	象元数 Pixels	提取面积/hm^2 Area	比例/% Percentage	象元数 Pixels	提取面积/hm^2 Area	比例/% Percentage
晋中	907	4869.2	16.8	4486	24083.1	83.2
临汾	23256	124849.6	53.2	20476	109925.2	46.8
运城	41649	223592.2	75.3	13659	73328.2	24.7
合计	65812	353311	63.0	38621	207336.5	37.0

从图 6-16 和表 6-3 可以看出 2007 年研究区域冬小麦冻害遥感监测面积为 353311 hm^2，主要分布在研究区中南部地区，占总面积的 63%，未受冻害的面积为 207336.5 hm^2，主要分布在研究区中北部地区，占 37%。其中以晋中地区受害面积最少，仅为 4869.2 hm^2，占晋中冬小麦面积的 16.8%，而运城地区冬小麦受冻面积最大，达到了 223592.2 hm^2，占该地区冬小麦面积的 75.3%，临汾地区冻害面积与正常面积基本相近。因此，冬小麦遭受冻害的严重程度与冬小麦所处的生育时期有关，这与利用 β 值水平、垂直剖面分析的结果相一致。

（三）冻害发生后冬小麦生长恢复度

从图 6-11 中可以看出，冬小麦遭受冻害以后，NDVI 值发生骤降，随着冻害持续时间的减少，地面温度逐渐升高，NDVI 值也开始升高。表明随着冻害的结束冬小麦开始恢复生长，但由于冻害发生时地表温度的不同以及持续时间的不同，冬小麦遭受冻害的程度也就不同，因此恢复生长的速度也表现为快慢不同。因此可以利用冬小麦冻害解除后其恢复生长的程度来监测冬小麦冻害发生的程度及采取相关措施后冬小麦恢复生长的程度。掩膜没有受冻的正常小麦得到遭受冻害的冬小麦分布图，制成冬小麦冻害矢量图。

冬小麦受冻后，由于其受害程度不同，对冬小麦产量有不同的影响。因此利用生长恢复度和产量的关系来揭示冻害对冬小麦产量的影响程度，如图 6-17 所示。从图中可以看出冬小麦生长恢复度和产量显著正相关（$r = 0.659^{**}$），即随着恢复度的提高产量有升高的趋势。表明利用冬小麦生长恢复度可以很好地监测冬小麦冻害发生的严重程度及其对产量的影响程度。

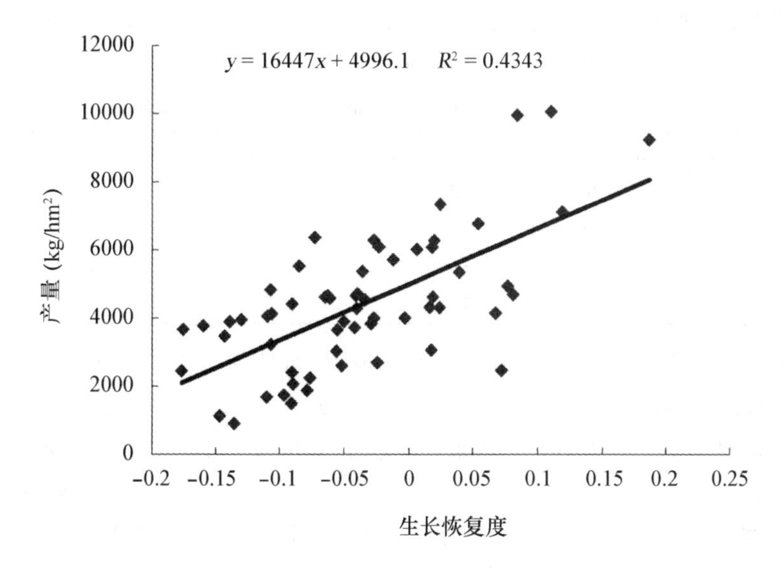

图 6-17　生长恢复度与产量的相关性

Fig. 6-17　The correlation between Growth recovery rate and yield

冻害是山西冬小麦发生频率较高的灾害，如 2005 年全省范围的冻害以及 2006 年晋中地区的冻害，对产量有着严重的影响。表 6-4 为研究区域 2004—2007 年冬小麦单产比较，从表中可以看出 2005 年大范围的严重冻害造成了其产量明显低于其他 3 个年份，而 2007 年临汾、运城地区冬小麦产量都明显小于正常年份，晋中地区受害程度较低，其产量高于 2005 年和 2006 年，但低于正常年份(2004 年)。表明冬小麦遭受冻害后会严重影响产量的形成。

表 6-4　研究区域冬小麦年际产量比较　　kg/hm²

Tab. 6-4　Winter wheat annual yield comparison of researching region

区域 District	2004 年	2005 年	2006 年	2007 年
晋中	3930.2	3276.8	3835.2	3844.5
临汾	4025.4	2530.5	3337.7	3049.5
运城	3588.7	2346.9	3317.5	2604.9

(四)县域冬小麦冻害遥感监测

1. 基于变化向量分析 CVA 的冬小麦监测

根据公式(6-1)、公式(6-2)求得所有像元表征遭受冻害程度与生长恢复度的

6 种植被指数空间向量夹角变化范围，即 $\Delta\theta_1$、$\Delta\theta_2$ 的变化范围，如表 6-5 所示。

表 6-5 植被指数空间向量角度变化范围

Tab.6-5 Special vector angular variation of vegetation index

角度变化时相		$\Delta\theta_{(j,RVI)}$	$\Delta\theta_{(j,RVI)}$	$\Delta\theta_{(j,NDVI)}$	$\Delta\theta_{(j,EVI)}$	$\Delta\theta_{(j,GRVI)}$	$\Delta\theta_{(j,SIPI)}$
$\Delta\theta_1$	min	−12.60°	−4.72°	−12.00°	−11.05°	−10.16°	−16.75°
	max	10.90°	2.72°	21.83°	13.19°	8.32°	12.78°
$\Delta\theta_2$	min	0.15°	−0.85°	−13.48°	−19.74°	−11.40°	−4.03°
	max	−24.10°	5.76°	22.35°	12.45°	2.88°	20.24°

由表 6-5 可看出 $\Delta\theta_{(j,NDVI)}$ 的变化范围最大，而且 NDVI 涉及红光和近红外波段，红光波段是叶绿素主要的吸收波段，近红外波段主要识别农作物，突出农作物与其他地物的对比度。但冬小麦受到冻害胁迫时，其植株生理生化功能减弱，叶绿素合成受阻，光合速率下降，而其分解过程仍处于正常状态，导致叶绿素含量降低，光合速率不断减缓。因此，可以表征遭受胁迫时的作物长势情况。当遭受冻害胁迫后，植株恢复生长，叶绿素合成速度加快，含量上升，叶片恢复其绿色状态。因此，归一化差值植被指数可以很好地表征冬小麦植株受冻害胁迫程度及遭受冻害后生长恢复程度。

(1)冬小麦冻害 CVA 监测。根据 $\Delta\theta_{(j,NDVI)}$ 变化范围冬小麦遭受冻害后产量情况将受冻程度划分为 4 个等级：(−12.00°，−4.45°)未冻或轻冻；(−4.45°，6.62°)轻度冻害；(6.62°，13.45°)中度冻害；(13.45°，21.85°)重度冻害。

利用 ArcGIS 地统计分析模块，对 $\Delta\theta_{(j,NDVI)}$ 进行探索性数据分析，结果表明其符合正态分布，如图 6-18 所示。

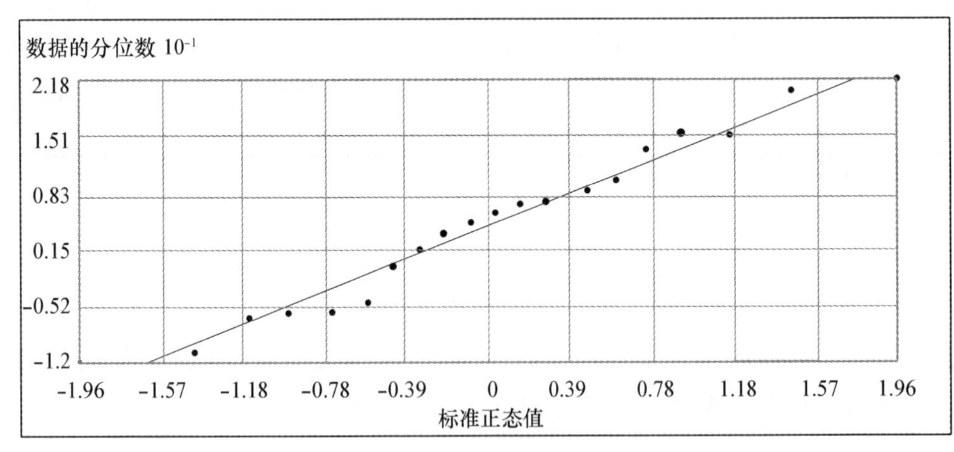

图 6-18 $\Delta\theta_{1(j,NDVI)}$ 正态分布

Fig.6-18 Normal distribution of $\Delta\theta_{1(j,NDVI)}$

图 6-18 为 ArcGIS 中地统计分析模块下的正态 QQ 图,其原理是当采样点属性值越接近于一条直线时,越服从正态分布。图 6-18 可以看出采样点属性值接近于直线,大致服从正态分布,因此满足克里金插值的条件,可采用克里金插值法得到 $\Delta\theta_{(j,\mathrm{NDVI})}$ 的空间分布图(图 6-19)。

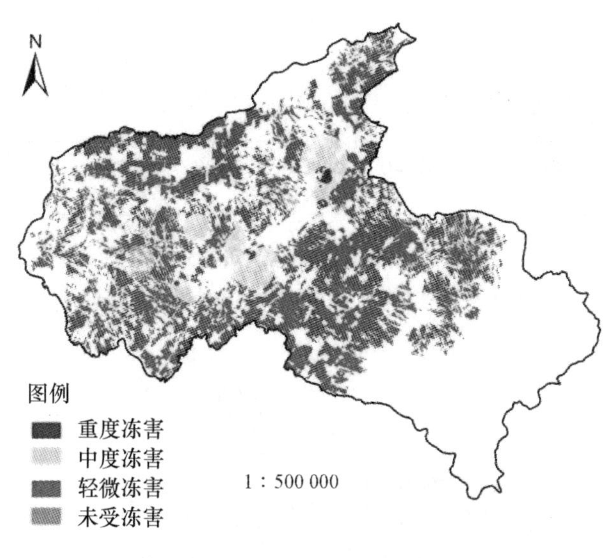

图 6-19　$\Delta\theta_{1(j,\mathrm{NDVI})}$ 空间分布图

Fig.6-19　Spacial distribution image of $\Delta\theta_{1(j,\mathrm{NDVI})}$

由图 6-19 可看出,东北、西南走向上存在少部分区域遭受重度冻害,在遭受重度冻害的小麦种植区域周围发生了部分中度冻害,还有一小部分未遭受冻害影响,大部分区域仅仅遭受到轻微冻害。

(2)冬小麦冻害恢复度 CVA 监测。根据 $\Delta\theta_{2(j,\mathrm{NDVI})}$ 变化范围以及冬小麦遭受冻害后产量情况将生长恢复程度划分为 4 个等级:(−13.48°,−5.00°)未恢复;(−5.00°,2.00°)恢复较差;(2.00°,14.00°)恢复一般;(14.00°,22.35°)恢复较好。

经地统计分析知,$\Delta\theta_{2(j,\mathrm{NDVI})}$ 服从正态分布(图 6-20),因此满足克里金插值的条件,可采用克里金插值法得到 $\Delta\theta_{2(j,\mathrm{NDVI})}$ 的空间分布图(图 6-21,另见彩图)。

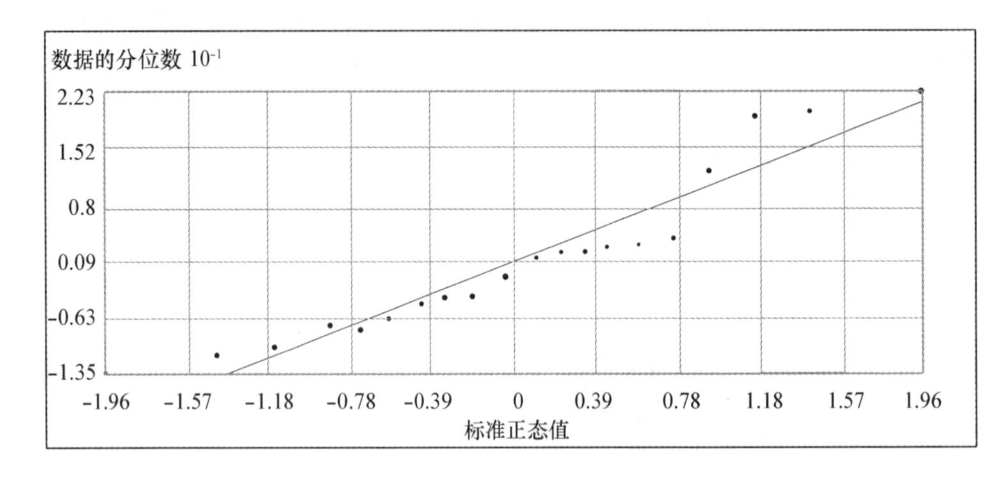

图 6-20　$\Delta\theta_{2(j,NDVI)}$ 正态分布

Fig.6-20　Normal distribution of $\Delta\theta_{2(j,NDVI)}$

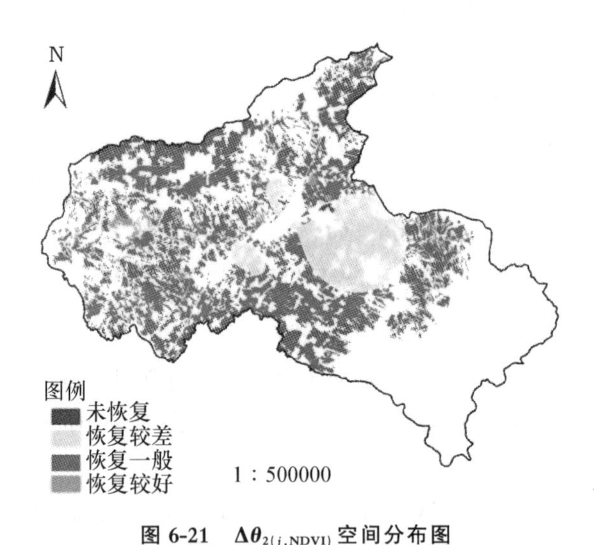

图 6-21　$\Delta\theta_{2(j,NDVI)}$ 空间分布图

Fig.6-21　Spacial distribution image of $\Delta\theta_{2(j,NDVI)}$

由图 6-21 可看出，存在很少部分恢复较好的区域，大部分区域恢复一般，极少部分区域未恢复，在其周围有部分恢复较差的区域。

由图 6-19 和图 6-21 可看出，在闻喜县存在很少部分区域没有遭受冻害，其他区域均遭受到不同程度的冻害影响。中部区域有极少部分遭受重度冻害，且存在很小部分没有恢复生长，这是因为冬小麦植株遭受极低气温影响，使得冬小麦内部结构发生变化，导致不可逆生长，从而死亡；在中部偏东受到中度冻害的区域，冬小麦生长恢复程度较差；大部分受到轻微冻害的区域恢复程度也一般；存在极少未受冻害区域表现为恢复程度一般，可能是冬小麦生长受到抑制所致。

2. 基于 ΔNDVI 的冬小麦监测

基于变化向量分析 CVA 的冬小麦监测中发现，$\Delta\theta_{(j,\mathrm{NDVI})}$ 变化范围最大，表示冬小麦遭受冻害后像元变化较为明显。因此，有必要对单一植被指数 NDVI 对冬小麦冻害的影响进行分析。

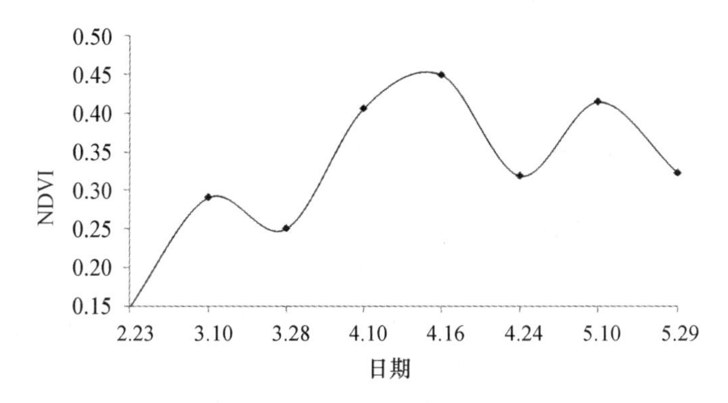

图 6-22　NDVI 变化趋势

Fig. 6-22　Change trend of NDVI

由图 6-22 可知，3 月 10 日至 3 月 28 日的低温天气使得 NDVI 值有所下降，但基本未受冻害影响。由于冬小麦植株保持冷却状态，体内叶绿素的活性减弱，对近红外和红光的敏感度下降，致使 NDVI 值呈下降趋势。4 月 12 日晚至 13 日早上，闻喜县普遍出现低温冻害气象过程，全县最低气温下降到 −5～0℃，地温降到 −8.2～−2.5℃。4 月 14 日 1～8 时，该县又普降雨雪。15 日凌晨气温仍然较低，大部分地区有可能继续出现霜冻，16 日后气温回升。但由于 NDVI 具有一定的滞后性，在 4 月 24 日时达到最低值。此时处于拔节后期，抗寒能力较差，致使小麦受冻程度严重。

在图 6-23 中可直观看出 4 月 24 日的 NDVI 与 4 月 10 日相比，大部分区域明显降低，遭受冻害严重，而在东南部区域少部分有升高趋势，可能是由于 NDVI 的滞后性导致其变化尚未凸显；5 月 10 日与 4 月 24 日 NDVI 相比，大部分区域有所回升，表明受到冻害影响后，随着气温的升高，小麦开始恢复生长，但在东部偏南区域依然呈降低趋势，这表明受低温影响使得小麦内部结构发生变化，导致不可逆生长。

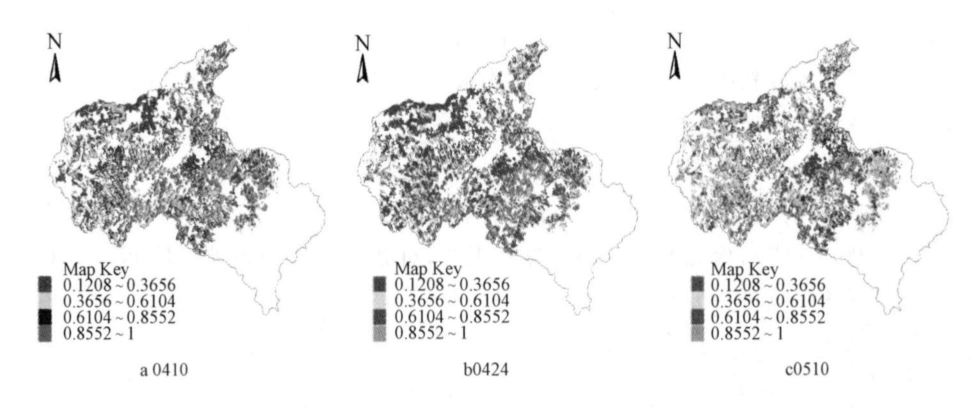

图 6-23　冻害前后 NDVI 分布图

Fig.6-23　Spacial distribution image of NDVI before and after freeze injury

(1)冬小麦冻害 ΔNDVI 监测。冬小麦遭受冻害后,NDVI 值呈降低趋势。4 月 12—15 日的骤然降温导致冬小麦冻害的发生。根据冬小麦在遭受低温影响前后 NDVI 的变化可以确定其是否受到冻害影响。当 $\Delta NDVI_1>0$ 时表明未受冻或只受到轻微冻害影响;当 $\Delta NDVI_1 \leqslant 0$ 时表明受到冻害影响,并且 $\Delta NDVI_1$ 值越小,表明受到冻害程度越大。经地统计分析知,$\Delta NDVI_1$ 服从正态分布(图 6-24),因此可采用克里金插值法得到其空间分布图(图 6-25)。

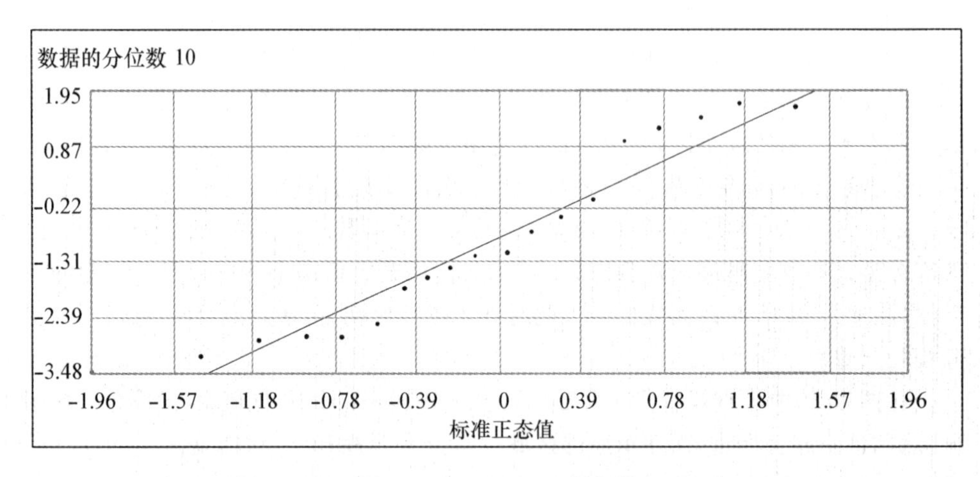

图 6-24　$\Delta NDVI_1$ 正态分布

Fig.6-24　Normal distribution of $\Delta NDVI_1$

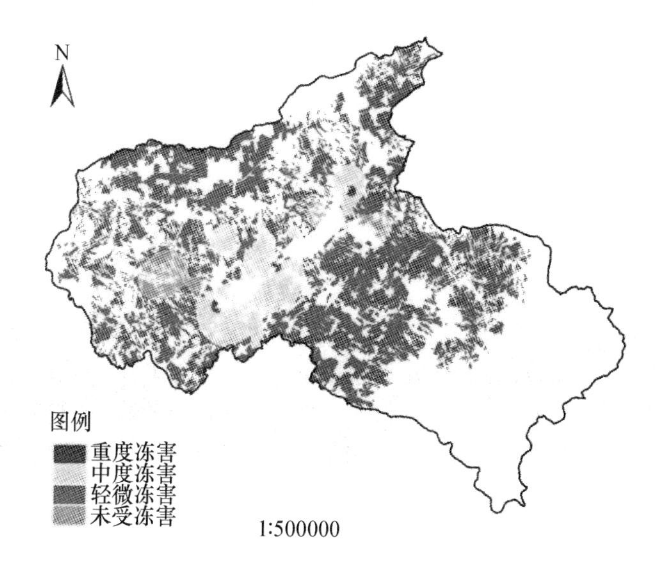

图 6-25 ΔNDVI$_1$空间分布图

Fig.6-25 Spacial distribution image of ΔNDVI$_1$

由图 6-25 可看出，东北、西南走向上存在极少部分区域遭受重度冻害，在遭受重度冻害的小麦种植区域周围发生了部分中度冻害，还有一小部分未遭受冻害影响，大部分区域仅仅遭受到轻微冻害。

(2)冬小麦冻害恢复度 ΔNDVI 监测。随着时间的推移，气温的回升，NDVI 值也逐渐升高。表明随着冻害的结束，冬小麦开始恢复生长，但由于不同区域冻害发生时气温差异以及持续时间的不同，冬小麦遭受冻害的程度也不尽相同，使得恢复生长的速度与程度也不同。因此可以利用冬小麦冻害解除后其恢复生长的程度来监测冬小麦冻害发生后恢复生长的程度。当 $\Delta NDVI_2>0$ 时表明冬小麦已恢复生长，且 $\Delta NDVI_2$ 值越大，表明恢复生长程度越大；当 $\Delta NDVI_2\leqslant 0$ 时表明冬小麦内部结构发生变化，不可恢复生长。

经地统计分析知，$\Delta NDVI_2$ 服从正态分布(图 6-26)，因此可采用克里金插值法得到其空间分布图(图 6-27)。

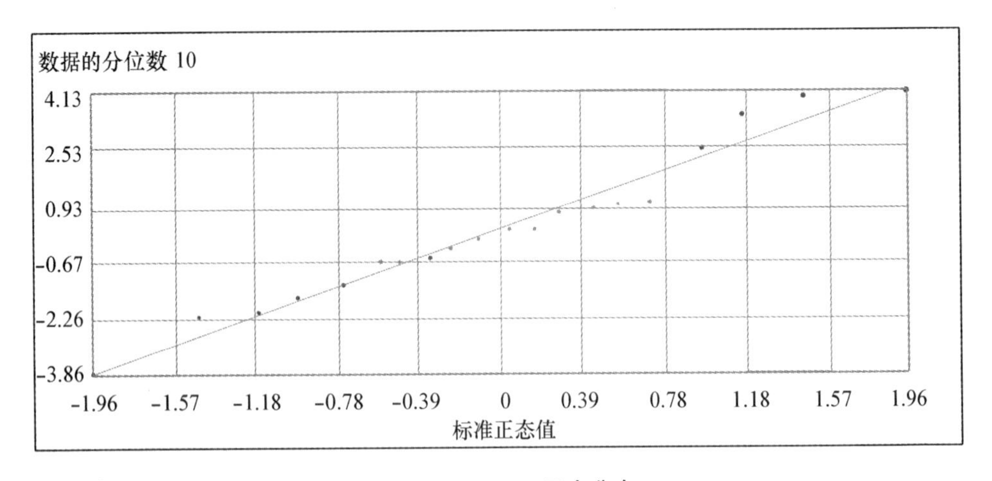

图 6-26 $\Delta NDVI_2$ 正态分布

Fig. 6-26 Normal distribution of $\Delta NDVI_2$

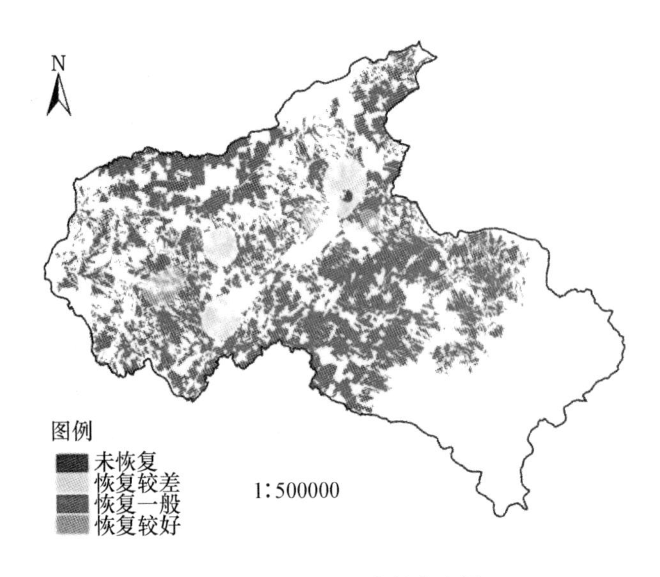

图 6-27 $\Delta NDVI_2$ 空间分布图

Fig. 6-27 Spacial distribution image of $\Delta NDVI_2$

由图 6-27 可看出，存在很少部分未恢复的区域，在其周围区域恢复较差，大部分区域恢复一般，其中存在部分区域恢复较好。

结合图 6-25、图 6-27 可看出，在遭受重度冻害的区域冬小麦基本没有恢复生长，受到中度冻害的区域一般都恢复较差，甚至没有恢复，表明冬小麦生长受到抑制，而未受到冻害影响的区域表现为恢复一般或较好，说明冬小麦正常生长。综合冻害与恢复情况可确定冬小麦生长情况，分为以下 3 种情况：(1) $\Delta NDVI_1 > 0$，$\Delta NDVI_2 > 0$ 时表明未受或受到轻微冻害，并已恢复生长；(2) $\Delta NDVI_1 \leqslant 0$，$\Delta NDVI_2 > 0$ 时表明受到冻害影响，且已恢复生长；(3) $\Delta NDVI_1 \leqslant 0$，$\Delta NDVI_2 \leqslant 0$ 时表明受到冻害影响，但不可恢复生长。

3. 基于 CVA 与 ΔNDVI 的冬小麦综合监测

根据 CVA 与 ΔNDVI 分别监测得到的结果大致相同，但也存在不同之处，因此有必要将二者结合进行综合分析得到更加准确的监测结果。

(1)冬小麦冻害 CVA 与 ΔNDVI 综合监测。对比图 6-19 和图 6-25 可看出，遭受重度冻害的区域位置是完全一致的，未受冻害区域也是大致吻合的，然而，在遭受中度冻害与轻微冻害的区域面积是不相等的，但是在采样点及其周围的冻害情况是完全一致的，且均符合条件：中度冻害围绕在重度冻害周围，与未受冻害区域相离，其他区域为轻微冻害区。两个图的冻害严重程度的包含关系如图 6-28 所示。

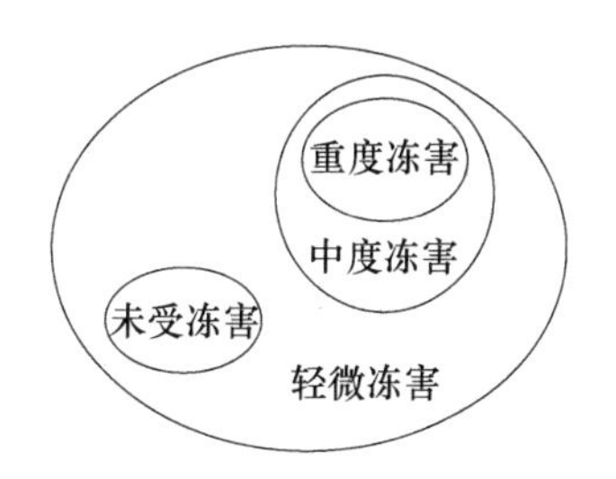

图 6-28　冻害严重程度包含关系图

Fig.6-28　Inclusion relation diagram of freeze injury severity

根据图 6-28 所示的包含关系，利用 ArcGIS 的转换工具将上述插值得到的栅格图转换为矢量图，运用叠加分析工具将图 6-19 和图 6-25 对应相同冻害等级的区域进行联合处理。将未受冻害 Union 作为最终未受冻害区，重度冻害 Union 作为最终重度冻害区，运用擦除工具将中度冻害 Union 擦除重度冻害 Union 得到最终中度冻害区，将冬小麦种植区域擦除上述 3 个区域得到最终轻微冻害区，如图 6-29所示。

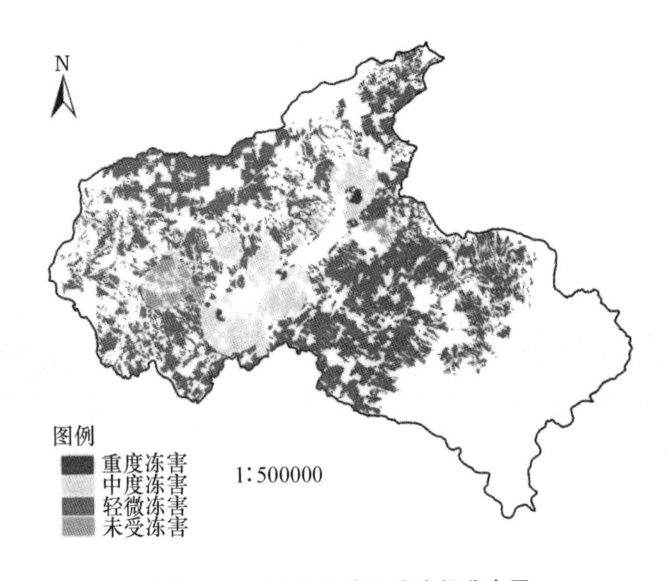

图 6-29 冬小麦冻害程度空间分布图

Fig. 6-29 Spacial distribution image of freeze injury severity

从图 6-29 可以看出冻害程度符合图 6-26 所示的包含关系，只是各等级区域面积有所变化。由于采样点位置的限制，得到的插值图在采样点位置处是比较准确的，与采样点距离越远，插值结果越不准确。然而重度冻害与未受冻害区域较小，且其范围内有采样点存在，近似认为其是准确的，中度冻害 Union 涵盖了一小部分重度冻害区，因此需将其擦除，剩余部分为轻微冻害区，在闻喜县边界区域处没有采样点，其插值结果是不准确的。

(2)冬小麦冻害恢复度 CVA 与 ΔNDVI 综合监测。对比图 6-21 和图 6-27 看出，恢复较好的区域基本吻合，而其他恢复程度的区域位置及面积都存在差异。但是二者均符合图 6-30 所示的包含关系，即：恢复较差的区域包含未恢复的区域，与

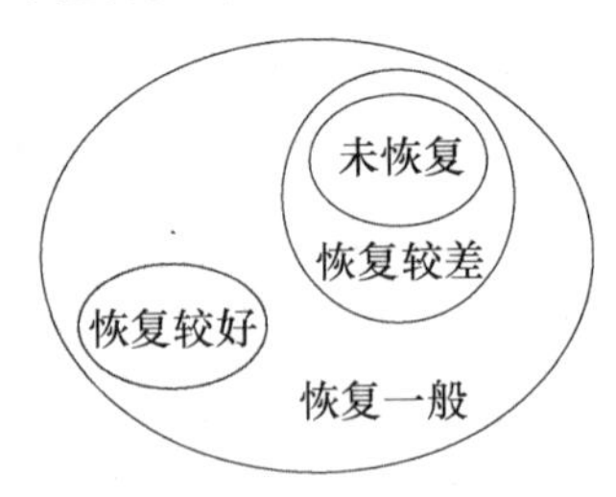

图 6-30 冻害恢复度包含关系图

Fig. 6-30 Inclusion relation diagram of freeze injury recovery rate

恢复较好的区域相离，其余部分为恢复一般的区域。

为综合监测闻喜县冬小麦生长恢复度，运用与综合分析冻害程度类似的方法，利用 ArcGIS 的叠加分析工具对冬小麦区域进行划分恢复等级。但是由 $\Delta\theta_{2(j,\mathrm{NDVI})}$ 得到的未恢复区域正好位于图 6-29 中的未受冻害区域，这是不合理的，因此舍弃这部分未恢复区域，将 $\Delta \mathrm{NDVI}_2$ 得到的未恢复区域作为最终的未恢复区域；将二者恢复较好的区域进行联合处理得到恢复较好 Union，并擦除与未恢复区域重叠的部分作为最终的恢复较好的区域；将二者恢复较差的区域进行联合处理得到恢复较差 Union，并擦除与恢复较好区域重叠的部分作为最终恢复较差的区域；其余部分为恢复一般的区域，如图 6-31 所示（另见彩图 6-31）。

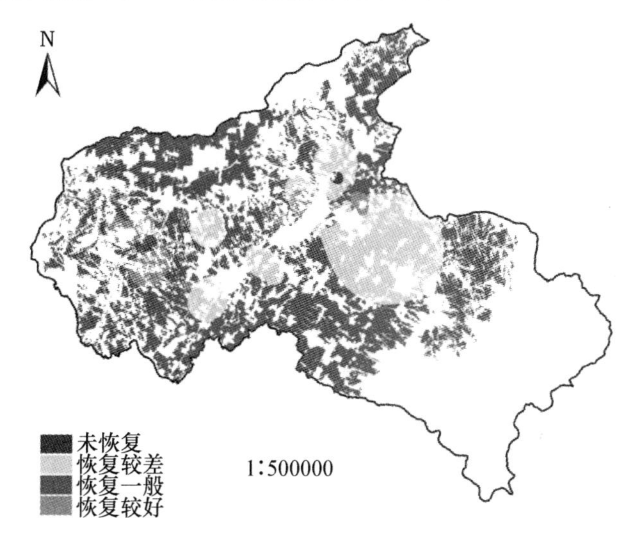

图 6-31　冬小麦冻害恢复度分布图

Fig. 6-31　Spacial distribution image of freeze injury recovery rate

由图 6-31 可看出，由于插值时搜索半径的变化导致其不符合图 6-30 所示的包含关系，各等级区域面积也有所变化。同理，距采样点越近，得到的恢复度越准确。由于采样点位置集中在闻喜县某一区域，使得得到的插值图在县域边界处是不准确的，然而靠近边界处的采样点属于恢复一般的区域，因此将边界处归为恢复一般。

4. 冻害对产量的影响

冬小麦遭受冻害后很大程度上影响了产量，且受害程度不同，对小麦产量的影响也不同。经地统计分析知，闻喜县产量分布服从正态分布（图 6-32），因此采用克里金插值法得到闻喜县产量分布图(图 6-33,另见彩图 6-33)。

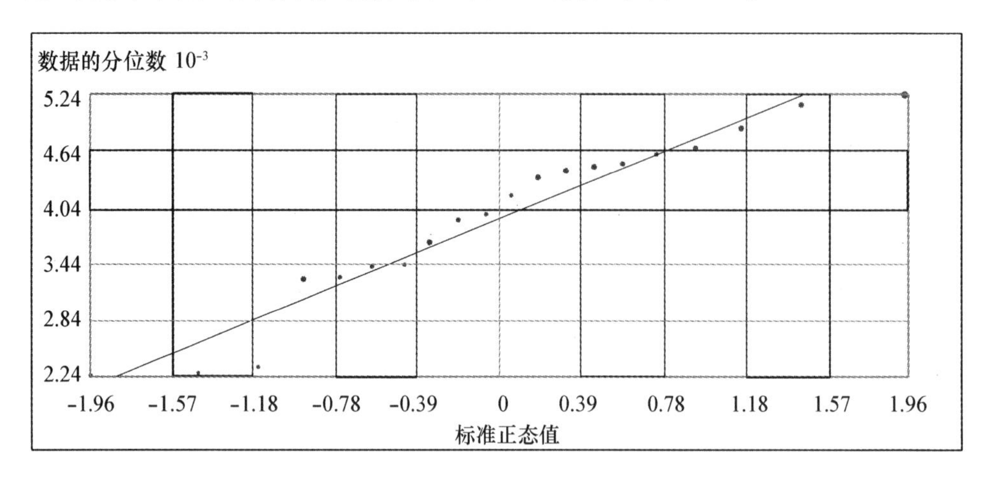

图 6-32　产量正态分布

Fig. 6-32　Normal distribution of yield

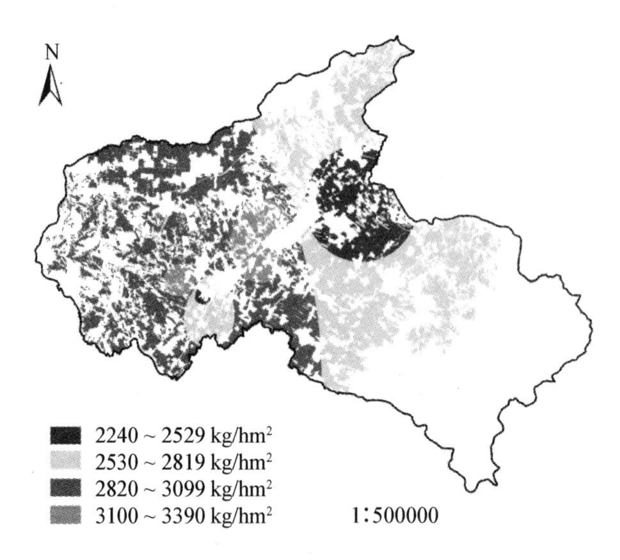

图 6-33　冬小麦产量空间分布图

Fig. 6-33　Spacial distribution image of winter wheat yield

对比图 6-29、图 6-31、图 6-33 可看出,在未受冻害且恢复较好的区域,冬小麦产量最高,可达 3100 kg/hm²;在受到轻微冻害且恢复一般的区域,冬小麦产量在 2820～3100 kg/hm²;在受到重度及中度冻害的区域,冬小麦产量在 2530～

2820 kg/hm^2；而在未恢复及恢复较差的区域内小麦产量在 2530 kg/hm^2 以下。

将冻害程度等级从重度冻害到未受冻害分别表示为 1、2、3、4，将恢复度等级从未恢复到恢复较好分别表示为 1、2、3、4，将产量等级从 2240～2529 kg/hm^2 到 3100～3390 kg/hm^2 分别表示为 1、2、3、4，即如表 6-6 所示。

表 6-6　等级表示代码表

Tab. 6-6　Grade code table

kg/hm^2

等级	1	2	3	4
冻害程度	重度冻害	中度冻害	轻微冻害	未受冻害
恢复度	未恢复	恢复较差	恢复一般	恢复较好
产量	2240～2529	2530～2819	2820～3099	3100～3390

由 SPSS 分析知，产量等级与冻害等级、恢复度等级具有显著相关性，相关系数如表 6-7 所示，因此可选择冻害等级与恢复度等级来预测产量等级，即可知道产量范围。由表 6-8 可看出由冻害等级与恢复度等级共同预测产量等级的模型 R^2 最大，且标准估计误差最小，能更加准确地估算遭遇冻害后冬小麦的产量范围。因此，综合冬小麦冻害与恢复度可以很好地监测冻害对冬小麦产量的影响程度。

表 6-7　产量等级与冻害等级及恢复等级的相关性

Tab. 6-7　Correlation of freeze injury severity and recovery rate grade and yield grade

相关系数	冻害监测指数	
	冻害等级	恢复等级
产量等级	0.6957	0.5959

表 6-8　产量等级的预测模型

Tab. 6-8　Prediction model of yield grade

模型	自变量	回归模型	R^2	标准估计误差
1	冻害等级	$y = 1.332 + 0.497x_1$	0.484	0.651
2	恢复等级	$y = 1.106 + 0.515x_2$	0.355	0.728
3	冻害\恢复等级	$y = 0.692 + 0.386x_1 + 0.318x_2$	0.548	0.594

注：x_1 为冻害等级，x_2 为恢复等级，y 为产量

第三节　小结

研究表明,利用植被供水指数对研究区冬小麦干旱进行监测是可行的。但在研究过程中也发现冬小麦干旱状况的监测应该区分水地和旱地,以实现精确监测干旱的发生和等级,这主要是因为同一时期旱地冬小麦和水地冬小麦 VSWI 极值是不相同的,水地冬小麦区间较宽。另外,不同生育时期旱情等级的划分是不同的,冬小麦生育前期植被指数和地表温度都比较低,当地表温度相对较低时,会引起 VSWI 偏小,但并不能说明该区域没有发生干旱,因此要根据具体的情况进行干旱的具体分析。

作物的冠层光谱是作物综合信息的一个体现,通过对其特征波段的处理与分析,可以与其生理、生态指标结合起来,从而达到实时监测。

本研究利用花盆试验,人为模拟低温胁迫,造成冬小麦植株内部损伤,叶绿素含量减少,形成高光谱的差异,借助红边这一作物最重要的特征光谱说明冻害的发生。通过分析表明低温胁迫与光谱之间存在相关性。在遭受低温胁迫后,冬小麦内部组织结构受到损伤,叶绿素含量降低,叶片逐渐泛黄,但同时植株冻后仍有其自身恢复的能力,在光谱曲线中表现为:在近红外波段,反射率随着低温程度的加剧而升高,而在可见光波段则相反,且可见光波段出现绿峰削减,黄、红波段抬升,红谷趋于水平的现象。而红边参数也对低温胁迫产生了极大的响应,红边位置与低温胁迫呈负相关,“蓝移”现象显著,这与前人的研究结果保持一致。表明冬小麦冠层光谱和其红边光谱参数对遭受低温冻害的拔节期冬小麦能够敏感地响应,利用高光谱技术对其进行实时、快速、准确监测是有效的、可行的。

冬小麦在春季遭受冻害后,NDVI 值会发生急剧下降的变化,因此利用 NDVI 的变化可以监测冬小麦冻害发生严重程度,同时利用遥感影像 β 值在水平和垂直剖面上的分布可以明显地确定出不同地区遭受冻害的严重程度和冻害的分布。冻害发生的严重程度不仅与气温有关,还与发生冻害时冬小麦所处的生育期有关。三个地区受冻害的程度以运城地区最为严重,临汾地区次之,晋中地区最轻。由于发生冻害时,晋中地区冬小麦处于起身末期,临汾地区冬小麦处于拔节初期,运城地区冬小麦处于拔节末期,而拔节时期冬小麦抗寒性已明显减弱,因此导致了运城、临汾地区冻害程度远较晋中地区严重。随着冻害持续时间的减少,地面温度逐渐升高,冬小麦开始恢复生长,NDVI 值也开始升高。利用遥感技术监测冬小麦冻害的发生、范围以及冻害水平已有报道,但作者认为冬小麦冻害发生的严重程度应该与冬小麦遭受冻害后是否能够及时恢复到冻害前期的生长态势以及是否对产量造成严重的影响有关，因此提出了应用生长恢复度来监测冬小麦冻害的严重程度。冬小麦生长恢复度和产量呈显著正相关（$r=0.659^{**}$），说明利用冬小麦生长恢复度可以很好地监测冬小麦冻害发生的严重程度及其对产量的影响程度。本研究表明冻害对产量有着较大的影响，单产明显低于正常年份。

利用 CVA 与 ΔNDVI 对冬小麦冻害进行综合监测，更能真实反映冻害实际情况，通过与产量等级相关分析，表明二者综合监测效果较好。

发生冻害时的最低温度和冬小麦所处生育时期对冬小麦受害程度有着极大的影响，但是影响冬小麦冻害的因素有很多，如冬小麦品种、冻害持续时间、土壤肥力等等，而且很多因素是相互作用的。因此在冬小麦冻害的监测中要结合地面实际监测资料，综合分析多种因素，以提高监测的精度。

参考文献

[1] 陈怀亮，冯定原. 用 NOAA/AVHRR 资料遥感土壤水分时风速的影响[J]. 南京气象学院学报，1999，22(2)：219-224.

[2] 陈维英，肖乾广，盛永伟. 距平植被指数在 1992 年特大干旱监测中的应用[J]. 环境遥感，1994，9：106-112.

[3] 邓玉娇，肖乾广，黄江，等. 2004 年广东省干旱灾害遥感监测应用研究[J]. 热带气象学报，2006，22(3)：237-240.

[4] 黄敬峰，王渊，王福民，等. 油菜红边特征及其叶面积指数的高光谱估算模型[J]. 农业工程学报，2006，22(8)：22-26.

[5] 纪瑞鹏，班显秀，冯锐，等. 应用 NOAA/AVHRR 资料监测土壤水分和干旱面积[J]. 防灾减灾工程学报，2005，25(5)：157-161.

[6] 居为民，孙涵，汤志成. 气象卫星遥感在干旱监测中的应用[J]. 灾害学，1996，4：25-29.

[7] 梁天刚，高新华，刘兴元. 阿勒泰地区雪灾遥感监测模型与评价方法[J]. 应用生态学报，2004，15(12)：2272-2276.

[8] 刘兴元，陈全功，梁天刚，等. 新绛阿勒泰牧区雪灾遥感监测体系构建与灾害评价系统研究[J]. 2006，17(2)：215-220.

[9] 罗秀陵，薛琴，张长虹，等. 应用 NOAA/AVHRR 资料监测四川干旱[J]. 气象，1996，22(5)：35-38.

[10] 裴志远，杨邦杰. 应用 NOAA 图像进行大范围洪涝灾害遥感监测的研究[J]. 1999，15(4)：203-206.

[11] 覃志豪，高懋芳，秦晓敏，等. 农业旱灾监测中的地表温度遥感反演方法—以

MODIS 数据为例[J]. 自然灾害学报,2005,14(4):64-71.

[12] 王鹏新,龚健雅,李小文. 条件植被温度指数及其在干旱监测中的应用[J]. 武汉大学学报(信息科学版),2001,26:412-418.

[13] 武晓波,阎守邕,田国良,等. 在 GIS 支持下用 NOAA/AVHRR 数据进行旱情监测[J]. 遥感学报,1998,2(4):280-284.

[14] 肖乾广,陈维英,盛永伟,等. 用气象卫星检测土壤水分的实验研究[J]. 应用气象学报,1994,5(3):312-318.

[15] 延昊,邓莲堂. 利用遥感地表参数分析上海市的热岛效应及治理对策[J]. 热带气象学报,2004,20(5):579-586.

[16] 杨邦杰,王茂新,裴志远. 冬小麦冻害遥感监测[J]. 农业工程学报,2002,18(2):136-140.

[17] 宇都宫二郎,赵华昌,华润葵,等. 利用 NOAA 卫星遥感编制中国东北部土壤水分分布图[J]. 遥感技术动态,1990(4):27-30.

[18] 张雪芬,陈怀亮,郑有飞,等. 冬小麦冻害遥感监测应用研究[J]. 南京气象学院学报,2006,29(1):94-100.

[19] 赵文化,单海滨,钟儒祥. 基于 MODIS 火点指数监测森林火灾[J]. 自然灾害学报,2008,17(3): 153-157.

[20] 周咏梅. NOAA/AVHRR 资料在青海省牧区草场旱情监测中的应用[J]. 应用气象学报,1998,9(4):496-500.

[21] Brown J F, Reed B C, Hubbard k. A prototype Drought monitoring system integrating climate and satellite data. Pecora 15/Land Satellite Information IV/ISPRS Commission I/FIEOS 2002 Conference Proceedings.

[22] Gillies R R, Carlson T N. Thermal remote sensing of surface soil water content with partial vegetation cover for incorporating into climate models [J]. Journal of Applied Meteorology, 1995, 34: 745-756.

[23] Guttman, N B. Accepting the standardized precipitation index: A calculation algorithm [J]. Journal of the American Water Resources Association, 1999, 35: 311-323.

[24] James P S, Morrel E M, Gary M P. Spring Freeze Injury to Kansas Wheat. Manhattan: Kansas state University, 1995.

[25] Jin Y Q, Yan F H. Monitoring the sandstorm during spring season 2002 and desertification in northern China using SSM/I data and Getis statistics [J]. Progress in Natural Science, 2003, 13: 374-378.

[26] Kaufman Y J, Justice C, Flynn L, et al. Potential Global Fire Monitoring from

EOS-MODIS [J]. J. Geophys. Res., 1998,103: 32215-32238.

[27] LEI Ji, Albert J, Peters. Assessing vegetation response to drought in the northernk Great Plains using vegetation and drought indices [J], Remote sensing of Environment, 2003(87): 85-98.

[28] Li Shengxiu, Xiao Ling. Distribution and management of dryland in the People's Republic of China [J]. Advances in Soil Science, 1992, 18: 148-278.

[29] Lozano-Garcia D F, Fernandez R N, Gallo K P, et al. Monitoring the 1988 severe drought in Indiana, USA using AVHRR data [J]. International Journal of Remote Sensing, 1995, 16: 1327-1340.

[30] Mckee T B, Doeskin N J, Kleist J. Drought monitoring with multiple time scales [A]. Proceeding of 9th Conference on Applied Climatology [C]. January 15-20, American Meteorological Society, Boston, Massachusetts, 1995: 233-236.

[31] Mckee T B, Doeskin N J, Kleist J. The relationship of drought frequency and duration to time scales [A]. Proceeding of 8th Conference on Applied Climatology [C]. January 17-23, 1993, American Meteorological Society, Boston, Massachusetts, 1993: 179-184.

[32] Mcvicar T R, Bierwirth P N. Rapidly assessing the 1997 drought in Papua New Guinea using composite AVHRR imagery [J]. International Journal of Remote Sensing, 2001, 22: 2109-2128.

[33] Palmer W C. Meteorological Drought Research Paper No. 45 [R]. Washington D C: Weather Bureau, 1965: 1-58.

[34] Pantaleoni E, Engel B A, Johannsen C J. Identifying agricultural flood damage using Landsat imagery [J]. Precision Agric, 2007,8: 27-36.

[35] Pu R L, Li Z Q, Gong P, et al. Development and analysis of a 12-year daily 1-km forest fire dataset across North America from NOAA/AVHRR data [J]. Remote Sens. Environ., 2007, 108: 198-208.

[36] Teng W L. AVHRR monitoring of U. S. crops during the 1988 drought[J]. Photogrametric Engineering and Remote Sensing. 1990, 56:1143-1146.

[37] Wang Pengxin, Wei Yimin. Research, Demonstration and Extension of Sustainable Farming Systems for Rainfed Agriculture (UNDP2CPR/ 91/ 114 Project Final Report) [M]. Xi'an: World Publishing Corporation, 1998.

第七章　基于遥感和气象数据的水旱地冬小麦产量估测

冬小麦是研究区(晋中市、临汾市、运城市)的主要粮食作物之一,产量占全省冬小麦产量的80%以上。早期预测冬小麦产量有助于市场行情和价格政策的评估。同时,早期作物产量的信息对于政府管理、决策和宏观调控是很重要的。传统的产量估测是采用人工区域调查方法,速度慢、工作量大、成本高,很难得到精确的小麦种植面积和产量。遥感技术和地理信息系统的引入,为解决上述问题提供了有效手段。

遥感估产是指在收集分析农作物光谱特征的基础上,通过卫星传感器记录的地球表面信息辨别作物类型、监测作物长势、建立光谱反射率与产量的统计关系式,用于提前1～2个月预测作物总产量的一系列技术方法(Barnett等,1982;Patel等,1985;Rudorff等,1990;Tennakoon等,1992;Bouman,1992;Rasmussen,1997;江晓波等,2002)。

在经验预测模型的基础上,遥感技术已经广泛地应用于作物产量的早期估测(Curran,1987)。多时相遥感数据也被用来进行作物(如水稻、小麦、高粱等)产量的模拟和预测(Barnett等,1982;Barnett等,1983;Potdar等,1995)。这些基于经验预测的模型都是建立在遥感图像和作物产量数据基础上的(Labus等,2002;Singh等,2002;Liu等,2006;Tucker等,1986;Basnyat等,2004)。

在作物的农学参数遥感提取中,一般采用光谱植被指数(Spectral Vegetation Index,SVI),它是由卫星遥感多光谱数据经空间转换或不同波段间线形或非线性组合构成的对植被有一定指示意义的指标(江东等,2002)。各种植被指数已经被广泛地应用于作物产量的估测(Tucker等,1980;Rudorff等,1991;Wiegand等,1991;Hamar等,1996;Tarpley等,1984;Gutman,1991;Goward等,1991;Bullock,1992)。而NDVI是最常用的一种植被指数,在任何给定的时期对作物总生物量都有较强的指示作用(Manjunath等,2002),可以用来监测作物长势,它和作物植株生物量以及籽粒产量有较高的相关性(Idso等,1980;Wiegand等,1984;Shibayama等,1989;Potdar,1993)。很多学者利用不同的遥感数据,诸如AVHRR(Rasmussen,1997),Landsat Thematic Mapper 和 Enhanced Thematic Mapper Plus (Thenkabail,2003;Baze-gonzález 等,2005),IRS(Ray 等,1999)和 SPOT(Moulin 等,1998)等获得的归一化差值植被指数进行作物产量的早期预测,表明其具有较高的可靠性。

而作物遥感估产主要是通过作物种植面积的确定和单产模型建立来实现的。只有准确地估算出作物播种面积,才能得出准确的总产估测数据(冯美臣等,2005)。为了提高作物种植面积的提取精度,高空间分辨率数据是必需的。然而,大面积作物的整体长势甚至可以精确地从低分辨率数据中获取,如 NOAA-AVHRRS 数据。因此可以通过从多时相遥感数据中提取的植被有效参数对作物产量进行模拟(Boatwright 等,1988;Potdar 等,1999)。而单产模型应该选择与单产关系最显著时相的光谱信息来建立。邹尚辉(1985)根据植物光谱的中间变化及物候变化和太阳高度角对植物光谱的影响,研究了湖北省及北亚热带植被分类的最佳时相选择问题。黄敬峰等(1993)根据多年植物物候观测资料及绿波和褐波的季节推移,确定了新疆植被遥感的最佳时相。曹卫彬等(2007)利用棉花生长期内各时相光谱以及归一化差值植被指数进行了棉花遥感估产最佳时相的选择。黄敬峰等(2002)结合 GIS 技术利用水稻农学参数与植被指数及水稻产量与植被指数的关系来确定水稻产量遥感的最佳时相。汪逢熙(1991)和黎泽文等(1991)在棉花遥感识别的试验研究中,通过观测和对比分析各棉花生育期不同作物的光谱特征,将棉花光谱与其他作物光谱差别最大的蕾期和吐絮初中期作为棉花识别的最佳时相。

MODIS 数据在作物长势监测和产量估测中有着 TM、NOAA/AVHRR 无法比拟的优势,其具有较高的时间分辨率、高光谱分辨率以及适中的空间分辨率等特点。本研究利用不同冬小麦生育时期的 MODIS 数据和产量的相关性研究冬小麦产量估测的最佳时相,研究构建冬小麦产量估测模型,同时由于影响产量因子的复杂性,而非遥感估产确有不少成功之处,因此,本研究采用遥感与非遥感方法联合估产,也即利用气象数据和光谱信息构建冬小麦光谱气象产量复合模型,以期为冬小麦产量估测提供理论依据。

第一节 冬小麦生长数据获取及图像运算

一、采样点的布设

在晋中、临汾、运城三个地区选取具有代表性的 4~7 个样本县,在每个样本县中选择能反映该县整体冬小麦生产水平的 8~10 个行政村,进行样点布设,同时收集冬小麦的品种、长势、水肥状况、播种面积、产量信息等。

二、产量数据测定

于冬小麦收获期在典型地段设置 50 m×50 m 样条进行产量结构(单位面积穗数、穗粒数、千粒重、全株干物质重)调查和大区测产,重复 3 次,用于大面积遥感估产结果的精度检验。同时,利用 GPS 对该区域进行准确定位,测定其经纬度,通过已处理遥感图像,进行冬小麦产量与卫片绿度值的对照,为冬小麦分类以及模型的建立做准备。

三、图像运算

图像混合运算是指对一个或多个图像中的通道和图层、通道和通道进行混合运算的操作。它包括应用图像和计算两个命令,其结果可以使图像内部和图像之间的通道混合,组合成新图像。利用所获得的产量模型运用 ENVI 软件中的 Band math 功能在最佳时相的 MODIS-NDVI 图像上进行运算,然后利用 NDVI 分布矢量图进行裁剪,得到产量空间分布图。

第二节　数据分析与冬小麦产量模型构建方法

本书所使用的数据分析与建模方法主要是相关分析和回归分析方法。通过对不同时期的光谱参数以及影响冬小麦产量的多个气象参数与冬小麦产量进行相关分析,选择与产量显著相关的气象因子及植被指数,通过回归分析建立冬小麦产量监测模型。

一、冬小麦产量模型构建方法

利用地学(包括气象、地貌、水文、土壤等)、生物学、农学等各种观测、统计资料以及遥感数据,采用数学方法建立粮食产量和其影响因子之间的定量化关系:这种粮食产量及其影响因子之间的定量化数学关系即估产模型(江晓波,2000)。

(一)气象产量模型的构建

影响冬小麦产量的因素有很多,如气象、地形、地貌、土壤、耕作方式等方面。但地形、地貌、土壤、耕作方式等影响因素是相对比较稳定的因子,一般在短时期内不会发生大的变化,因此短时期内对冬小麦产量的影响不是很显著。而气象因子,包括气温、降水、日照等则是影响冬小麦产量的主要因子。因此，本论文利用生育期气象数据（气温、降水和日照）和产量数据建立冬小麦多元回归气象产量模型，其模式为：

$$Y = L(P_F, P_M, \cdots P_J, P_T, T_F, \cdots T_J, T_T, S_F \cdots S_J, S_T,)$$

式中，Y 为冬小麦产量，L 为线性函数的参数，P 为降雨量，T 为均温，S 为日照时数，下标 $F, M, ... J, T$ 为2～6月以及各月总降雨量（均温、日照时数）。

（二）光谱产量模型的构建

植被指数能反映植物生长状况的光谱数值，是一组最常用的光谱变量。由于近红外波段是叶子健康状况最灵敏的标志，它对植被差异及植物长势反应敏感。尤其归一化差值植被指数实际上是作物产量影响因子在卫星数据中的综合反映。因此本研究采用NDVI建立一元线性回归模型，表达式为：

$$Y = \alpha x + \beta$$

式中，Y 为冬小麦产量，x 为最佳估产时相的NDVI值，α、β 为常量。

（三）光谱气象产量模型的构建

很多研究表明，与单因素模型相比复合式产量估测模型具有较高的相关性和产量预测能力（唐延林等，2004）。因此本研究使用气象因子和最佳估产时相的NDVI值通过多元线性回归建立冬小麦光谱气象产量估测模型，以确定各种参数对产量的影响。其模式为：

$$Y = L(P_F, P_M, \cdots P_J, P_T, T_F \cdots T_J, T_T, S_F \cdots S_J, S_T, \mathrm{NDVI})$$

式中，Y 为冬小麦产量，L 为线性函数的参数，P 为降雨量，T 为均温，S 为日照时数，下标 $F, M, ... J, T$ 为2～6月以及各月总降雨量（均温、日照时数）。NDVI为最佳估产时相的NDVI值。

模型构建流程图如图7-1所示。

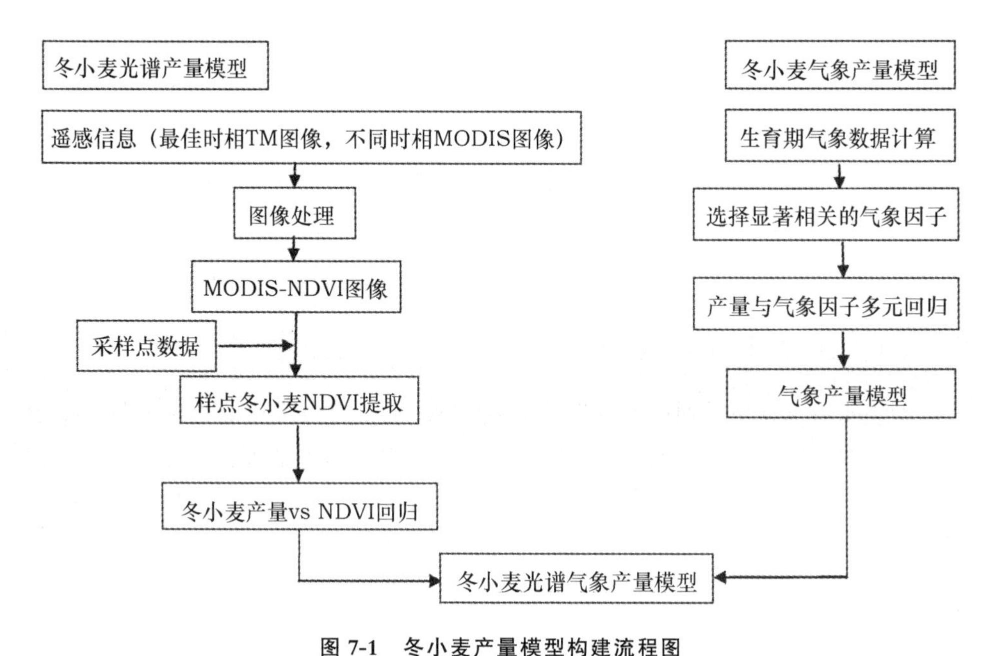

图 7-1　冬小麦产量模型构建流程图

Fig.7-1　Flow chart showing winter wheat yield modelling steps

二、模型精度检验指标

利用 F 检验对模型进行检验，利用多元相关系数（R^2）（Abdi，2007）、相对均方根误差（R_{RMSE}）（Marco 等，2006）和相对误差（RE）（White 等，1982）对模型的预测准确性进行分析。

1. 多元相关系数评价及 F 检验

在光谱参数和冬小麦产量的相关及回归分析中可用相关系数（单、复）的平方值（决定系数 R^2）来评价两类数据的相关性和预测结果之优劣。

$$\mathrm{MCC}/R^2 = \frac{\sum(\hat{y}-\bar{y})}{\sum(y-\bar{y})}$$

$$F\text{-test} = \frac{v_2 R^2}{v_1(1-R^2)}$$

式中，y，$\bar{y}$ 和 $\hat{y}$ 分别为观测值，均值和预测值，v_1 和 v_2 为自由度，其中 $v_1=m$，$v_2=n-m-1$。

2. 相对均方根误差(R_{RMSE})评价

$$R_{RMSE} = \sqrt{\frac{1}{n}\sum_{i=1}^{n}(O_i - S_i)^2} \Big/ \frac{1}{n}\sum_{i=1}^{n}O_i$$

由单变量和多变量回归模型估计出的参数,其精度可用相对均方根误差来评价。式中:O_i 和 S_i 分别为实测值和预测值,n 为样本数(包括预测样本和测试样本)。

3. 相对误差(RE)评价

$$RE = \frac{1}{n}\sum_{i=1}^{n}\left|\frac{t_i - o_i}{t_i}\right|$$

式中,t_i 和 o_i 分别为实测值和预测值,n 为样本数(包括预测样本和测试样本)。

多元相关系数(单、复)越大、相对均方根误差(R_{RMSE})和相对误差(RE)越小,证明模型精度越高。

第三节　冬小麦产量遥感估测最佳时相选择

在冬小麦产量的估测中,最佳时相的选择可以强化冬小麦信息及其与产量关系的显著性,弱化其他因子的干扰,这是冬小麦遥感估产的关键环节之一。根据冬小麦生育进程以及研究区主要农作物物候历(表 4-1),冬小麦遥感估产必须选择植被指数中冬小麦长势信息贡献最大,且对后期籽粒形成起决定性作用的时期为最佳时相(王秀珍等,2003)。冬小麦产量估测的最佳时相是衡量冬小麦单产与遥感信息关系密切程度的标准。利用不同生育时期冬小麦归一化差值植被指数与产量进行相关性分析,如表 7-1 所示。

从表 7-1 中可以看出,在冬小麦全生育期内不同时相的遥感图像中,目标信息及其与冬小麦单产关系的显著性有很大的差别。各研究区域水旱地冬小麦 NDVI 值与产量的相关性基本表现为先增大后减小的趋势。

晋中地区水地冬小麦除 3 月 5 日、3 月 13 日、3 月 21 日、6 月 25 日的 NDVI 与产量的相关性不显著外,其余各个时期均达到显著或极显著水平。而旱地冬小麦只有 4 月 14 日至 6 月 1 日达到显著或极显著水平,其余各个时期均不显著。水旱地冬小麦尤以 5 月 16 日左右的 NDVI 值与产量相关性最大,且达到极显著水平。同时,从表 7-1 中可以看出,水旱地冬小麦在 4 月 6 日 NDVI 与产量的相关性有小幅下降,这与该时期发生的冻害有关。

表 7-1 研究区水旱地冬小麦不同生育时期 NDVI 与产量相关性

Tab.7-1 Correlation coefficients of the relationships between NDVI and yield of irrigation-land and dry-land at different stages in study area

日期 Data	水地						旱地					
	晋中		临汾		运城		晋中		临汾		运城	
	R^2	R	R^2	R	R^2	R	R^2	R	R^2	R	R^2	R
2 月 09 日	—	—	—	—	0.12	0.34	—	—	—	—	0.03	0.18
2 月 17 日	—	—	0.04	0.19	0.30	0.55*	—	—	0.18	0.42	0.05	0.23
2 月 25 日	—	—	0.12	0.35	0.37	0.61*	—	—	0.34	0.58	0.25	0.50*
3 月 05 日	0.16	0.40	0.35	0.59*	0.41	0.64*	0.12	0.34	0.40	0.63	0.42	0.65*
3 月 13 日	0.26	0.51	0.45	0.67*	0.52	0.72**	0.17	0.41	0.22	0.47	0.40	0.63*
3 月 21 日	0.29	0.54	0.40	0.63*	0.59	0.77**	0.36	0.60	0.44	0.66	0.49	0.70**
3 月 29 日	0.44	0.66*	0.40	0.63*	0.62	0.79**	0.44	0.66	0.40	0.63	0.46	0.68**
4 月 06 日	0.41	0.64*	0.44	0.66*	0.58	0.76**	0.35	0.59	0.41	0.64	0.27	0.52*
4 月 14 日	0.48	0.69*	0.29	0.54	0.62	0.79**	0.53	0.73*	0.19	0.44	0.38	0.62*
4 月 22 日	0.50	0.71*	0.53	0.73*	0.64	0.80**	0.56	0.75*	0.46	0.68*	0.46	0.68**
4 月 30 日	0.58	0.76**	0.56	0.75**	0.67	0.82**	0.62	0.79*	0.53	0.73*	0.44	0.66**
5 月 08 日	0.59	0.77**	0.69	0.83**	0.71	0.84**	0.55	0.74*	0.67	0.82**	0.59	0.77**
5 月 16 日	0.67	0.81**	0.59	0.77**	0.59	0.77**	0.76	0.87**	0.50	0.71*	0.26	0.51*
5 月 24 日	0.56	0.75**	0.50	0.71*	0.48	0.69**	0.56	0.75*	0.41	0.64	0.14	0.37
6 月 01 日	0.56	0.75**	0.44	0.66*	0.27	0.52*	0.53	0.73*	0.29	0.54	—	—
6 月 09 日	0.52	0.72*	0.30	0.55	—	—	0.38	0.62	—	—	—	—
6 月 17 日	0.48	0.69*	—	—	—	—	0.20	0.45	—	—	—	—
6 月 25 日	0.34	0.58	—	—	—	—	—	—	—	—	—	—

* $P<0.05$, ** $P<0.01$，下同。

临汾地区水地冬小麦4月30日、5月8日和5月16日的NDVI与产量相关性达到极显著水平,2月17日、2月25日、4月14日和6月9日的NDVI与产量相关性不显著,其余时期均达显著水平。而旱地只有4月22日到5月16日NDVI与产量显著或极显著相关。水旱地冬小麦均以5月8日左右的NDVI值与产量相关性最大,且达极显著水平。水旱地冬小麦在3月5日至3月29日相关性有所波动,而在4月14日有大幅下降,4月6日研究区发生较大范围的冻害,导致其相关性下降,并且有延迟。

运城地区水地冬小麦除2月9日的NDVI与产量的相关性不显著外,其余各个时期均达到显著或极显著水平。在5月8日左右相关性达到最大。旱地冬小麦除2月9日、2月17日和5月24日外其他时期NDVI与产量显著或极显著相关。同时,运城地区水旱地也受冻害的影响,其4月6日NDVI与产量相关性下降。

通过与实地调查以及研究地区主要作物物候历相比较,晋中地区水旱地冬小麦在5月16日左右处于孕穗末期—抽穗初期,而运城和临汾地区在5月8日左右也处于孕穗末期—抽穗初期。虽然运城地区在该生育时期要比临汾地区早5天左右,但由于MODIS数据是8天合成的产品,因此在MODIS-NDVI影像数据上很难反映出来。

冬小麦返青后开始旺盛生长,冬小麦叶面积和干物质重量迅速增加,在抽穗前后叶面积系数达到最大,而此时棉花等作物的叶面积系数尚小,因此在研究区冬小麦抽穗前后植被指数中冬小麦长势信息贡献最大。同时,冬小麦抽穗开花以后,穗所占比例增大,穗对冠层光谱的贡献增加,叶片叶绿素的降解上升为主要因子,叶绿素的迅速降解成为影响产量形成的关键,此时作物群体趋于稳定,所以利用NDVI等植被指数进行估产效果较好(刘良云等,2004)。其后随着叶片叶绿素的降减,叶片逐渐变黄,使得灌浆期和乳熟期相关性逐步减弱。冬小麦单产与遥感光谱信息关系最显著的时相对产量预测最有利。因此,晋中、临汾和运城地区冬小麦遥感估产的最佳时相分别为5月16日和5月8日。

第四节　冬小麦产量遥感估测模型

一、气象产量模型

利用研究区冬小麦生育期气象数据建立气象产量模型,如表7-2所示。从表中可以看出,三个地区影响冬小麦产量的气象因子各不相同,而且同一地区水旱地冬小麦所受的气象影响因子也是不同的。

表 7-2 研究区冬小麦产量气象估产模式

Tab.7-2 Meteorological yield estimation models of winter wheat in study area

区域 District	类型 Type	气象产量模型 Meteorological yield model equation	R^2	F-test	F-crit	R_{RMSE}	RE
晋中	水地	$Y = 62.597P_{J.T} - 4055.629T_{May.II} + 87500.975$	0.27	7.5	5.5	0.438	0.312
	旱地	$Y = 504.176P_{A.T} + 1193.531R_{May.II} - 1707.273T_{A.I} - 128910.943$	0.84	28.8	6.6	0.067	0.055
临汾	水地	$Y = 532.877P_{A.III} - 1024.858T_{May.III} + 28626.394$	0.47	25.6	5.3	0.233	0.179
	旱地	$Y = 1146.753P_{A.III} - 1119.047T_{May.II} + 26350.936$	0.48	5.9	6.7	0.154	0.124
运城	水地	$Y = 114.202P_{Mar.I} + 414.111P_{May.II} - 53.223T_{May.I} + 2244.968$	0.55	27.0	5.1	0.135	0.115
	旱地	$Y = 120.996P_{Mar.I} + 154.127P_{May.II} + 48.607P_{T} - 155.469P_{F.T} - 2533.952$	0.59	10.6	4.8	0.224	0.189

注:模型中 Y 表示产量,Ⅰ,Ⅱ,Ⅲ分别表示上旬、中旬和下旬。下同。

晋中地区水地冬小麦产量与6月总降水量呈正相关,与5月中旬均温呈负相关,模型决定系数为0.27。对模型预测效果进行 F 检验,$F > F_{0.01}$,说明该产量预测模型达极显著水平。从模型的变量系数绝对值大小可知5月中旬的均温对产量的影响是最大的,这与该地区在5月中旬发生的轻度干旱有关。而旱地冬小麦产量与4月总降水量和5月中旬日照时数呈正相关,与4月上旬均温呈负相关,模型决定系数为0.84。对模型预测效果进行 F 检验,$F > F_{0.01}$,说明该产量预测模型达极显著水平。从模型的变量系数绝对值大小可知4月上旬的均温对产量的影响是最大的,其次是5月中旬的日照时数。4月上旬,晋中冬小麦正处于拔节期初期,较高的温度有利于冬小麦的生长,而在模型中却与产量呈负相关,这可能是由于其他因素的影响造成的。

临汾地区水地冬小麦产量与4月下旬降雨量呈正相关,与5月下旬均温呈负相关,模型决定系数为0.47。对模型预测效果进行 F 检验,$F > F_{0.01}$,说明该产量预测模型达极显著水平。而旱地冬小麦产量与4月下旬降雨量呈正相关,与5月中旬均温呈负相关,模型决定系数为0.48。对模型预测效果进行 F 检验,$F_{0.05} < F < F_{0.01}$,说明该产量预测模型达显著水平。通过模型变量系数绝对值大小的比较可知,水地冬小麦5月下旬均温对产量的影响占主导地位,而旱地冬小麦4月下旬降雨量占主导地位。表明同一地区不同灌溉类型冬小麦因其生长发育的不同,受气象因子的影响各不相同,且影响程度也不相同。

运城地区水地冬小麦产量与3月上旬降水量和5月中旬降水量呈正相关，而与5月上旬均温呈负相关，模型决定系数为0.55。从模型的变量系数绝对值大小可知5月中旬的降水量对产量的影响是最大的，其次为5月中旬降水量。而旱地冬小麦与3月上旬降水量和5月中旬降水量以及生育期总降水量呈正相关，与2月总降水量呈负相关，模型决定系数为0.59。其中5月中旬降水量和2月总降水量对产量的影响最大，其次为3月上旬降水量。2月份恰值冬小麦返青时期，适当的温度有利于冬小麦返青生长，而此时期的降水会导致气温降低，从而影响冬小麦的生长。对水旱地模型预测效果进行 F 检验，$F > F_{0.01}$，说明水旱地冬小麦产量预测模型均达极显著水平。

几个模型中 R_{RMSE} 值为0.067～0.438，其中尤以晋中旱地表现最低；3个地区的6个气象参数模型的相对误差(RE)除晋中水地外其余均达较好水平，其中晋中旱地模型的RE最小，为5.5%。总体上，气象产量模型均给出较好的检验结果，因而可以利用冬小麦生育期气象参数对水旱地冬小麦产量进行预测。

二、光谱产量模型

利用研究区冬小麦生育期最佳时相NDVI值与冬小麦产量建立回归模型，得到各地区水旱地冬小麦光谱产量预测模型，如表7-3所示。从表中可以看出3个地区的水旱地光谱参数模型的 F 值均大于 F-crit 值，说明各地区水旱地冬小麦光谱产量模型均通过0.01的显著性水平检验。

表7-3 研究区冬小麦产量光谱估产模式

Tab.7-3 Spectral yield estimation models of winter wheat in study area

区域 District	类型 Type	光谱产量模型 Spectral yield model equation	R^2	F-test	F-crit	R_{RMSE}	RE
晋中	水地	$Y = 122.218NDVI - 119.188$	0.67	53.9	7.6	0.272	0.187
	旱地	$Y = 126.371NDVI - 2639.036$	0.76	38.4	9.3	0.076	0.065
临汾	水地	$Y = 99.027NDVI + 184.308$	0.69	81.2	7.4	0.170	0.134
	旱地	$Y = 110.333NDVI - 1362.598$	0.67	27.8	8.9	0.126	0.085
运城	水地	$Y = 59.776NDVI + 1416.807$	0.71	121.4	7.2	0.132	0.071
	旱地	$Y = 76.025NDVI - 1539.526$	0.59	34.6	7.8	0.253	0.194

几个模型中决定系数为0.59～0.76，相对均方根误差(R_{RMSE})值为0.076～0.272，其中尤以晋中旱地表现最低，水地最高。3个地区6个气象参数模型的相

对误差(RE)均达较好水平,其中晋中旱地模型的 RE 最小,为 6.5%,而运城旱地模型最高,为 19.4%。总体上,光谱产量模型均给出较好的检验结果,因而可以利用冬小麦生育期光谱参数对水旱地冬小麦产量进行预测。

三、光谱气象产量模型

以各研究区相关气象数据和冬小麦最佳时相 NDVI 值为因子,分别与冬小麦产量建立回归模型,得到各地区的水旱地冬小麦光谱气象产量预测模型,如表 7-4 所示。用 F 检验对相关系数进行显著性检验结果表明,各地区冬小麦光谱气象产量预测模型通过 0.01 的显著性水平检验。尤其是临汾旱地光谱气象产量模型也达到了极显著水平,而其气象产量模型仅达到了显著水平。

表 7-4 研究区冬小麦光谱气象估产模式

Tab.7-4 Spectrometeorological yield estimation models of winter wheat in study area

区域 District	类型 Type	光谱气象产量模型 Spectrometeorological yield model equation	R^2	F-test	F-crit	R_{RMSE}	RE
晋中	水地	$Y = 60.561 P_{J.T} - 2364.777 T_{May.II} + 44.432 NDVI + 50294.685$	0.76	32.8	4.6	0.251	0.174
	旱地	$Y = 423.693 P_{A.T} + 736.267 R_{May.II} - 1092.809 T_{A.I} + 65.565 NDVI - 84287.778$	0.96	76.3	6.4	0.034	0.027
临汾	水地	$Y = 247.714 P_{A.III} - 390.661 T_{May.III} + 81.988 NDVI + 9731.489$	0.79	52.2	4.4	0.162	0.122
	旱地	$Y = 554.723 P_{A.III} - 649.275 T_{May.II} + 84.351 NDVI + 11902.973$	0.76	13.0	6.0	0.092	0.079
运城	水地	$Y = 87.657 P_{Mar.I} + 150.743 P_{May.II} + 74.506 T_{May.I} + 44.666 NDVI - 1820.11$	0.81	50.4	4.2	0.095	0.067
	旱地	$Y = 5.986 P_{Mar.I} + 188.757 P_{May.II} + 23.682 P_{.T} - 66.934 P_{F.T} + 51.785 NDVI - 1896.698$	0.75	16.0	4.4	0.142	0.118

同时,从表 7-2、表 7-3、表 7-4 可以看出,与气象产量模型相比,除临汾旱地外其余模型的负变量系数明显降低,突出了其他因子的正效应,尤其是运城水地光谱气象模型,其 5 月上旬均温变量系数变为正数。

构建模型的目的只是为了预测,因此可以利用 R^2 进行模型的检测(Guiarati,1995)。从表 7-4 中可以看出,水旱地冬小麦各光谱气象产量模型的 R^2 和其他两种模型相比有明显的提高。R^2 分别从 0.27(0.67),0.84(0.76),0.47(0.69),0.48

(0.67),0.55(0.70)和0.59(0.59)增加到0.76,0.96,0.79,0.76,0.81和0.75。

几个模型中 R_{RMSE} 值介于0.034～0.251,其中尤以晋中旱地表现最低,水地表现最高;3个地区的6个气象参数模型的相对误差均达较好水平,其中晋中旱地模型的RE最小,为2.7%,旱地最高,为17.4%。同时,与气象产量模型和光谱产量模型相比,光谱气象产量模型相对均方根误差(R_{RMSE})和相对误差(RE)明显降低,且降低幅度较大,说明光谱气象产量模型比气象产量模型和光谱产量模型有较强的预测效果。总体上,光谱气象产量模型的检验结果均优于气象产量模型和光谱产量模型,因而利用冬小麦生育期光谱气象参数进行水旱地冬小麦产量预测会更准确、更可靠。

四、冬小麦遥感估产结果

利用MODIS-NDVI图像与所获得的模型在ENVI软件支持下进行图像运算,获得研究区不同灌溉类型冬小麦产量分布图(图7-2,另见彩图7-2),对图像进行统计分析,获得单位面积产量,与提取的水旱地冬小麦种植面积相乘得到估产结果(表7-5)。

从表7-5中可以看出,与山西省农业厅推广站提供的统计数据比较,总的趋势是平均单产的遥感估产值略高于统计数据值,旱地估产精度在80.91%～93.96%,水地估产精度在87.72%～96.52%,其中只有临汾旱地单产值稍低于统计值;各地区总产量的估算值略低于统计值,旱地精度在80.92%～99.20%,水地精度在75.99%～80.54%,其中晋中水地和临汾水地总产量的估算精度偏低,分别为79.21%和75.99%。晋中水地总产精度偏低是因为面积估测精度只有76.55%引起的。临汾水地虽然平均单产和面积提取的精度都在86%以上,但二者均比统计值要高,尤其是面积比统计值高13088 hm^2,致使其总产量比统计产量高 1.0455×10^8 kg,从而导致其精度偏低。整个研究区水地冬小麦平均单产的估测精度为89.81%,总产精度为83.23%;旱地平均单产的精度为94.01%,总产精度为91.01%。

试验结果表明在本估产模型中,晋中地区水地冬小麦实际种植面积的估算值偏低,临汾地区水地冬小麦实际种植面积的估算值偏高,有待于进一步研究。

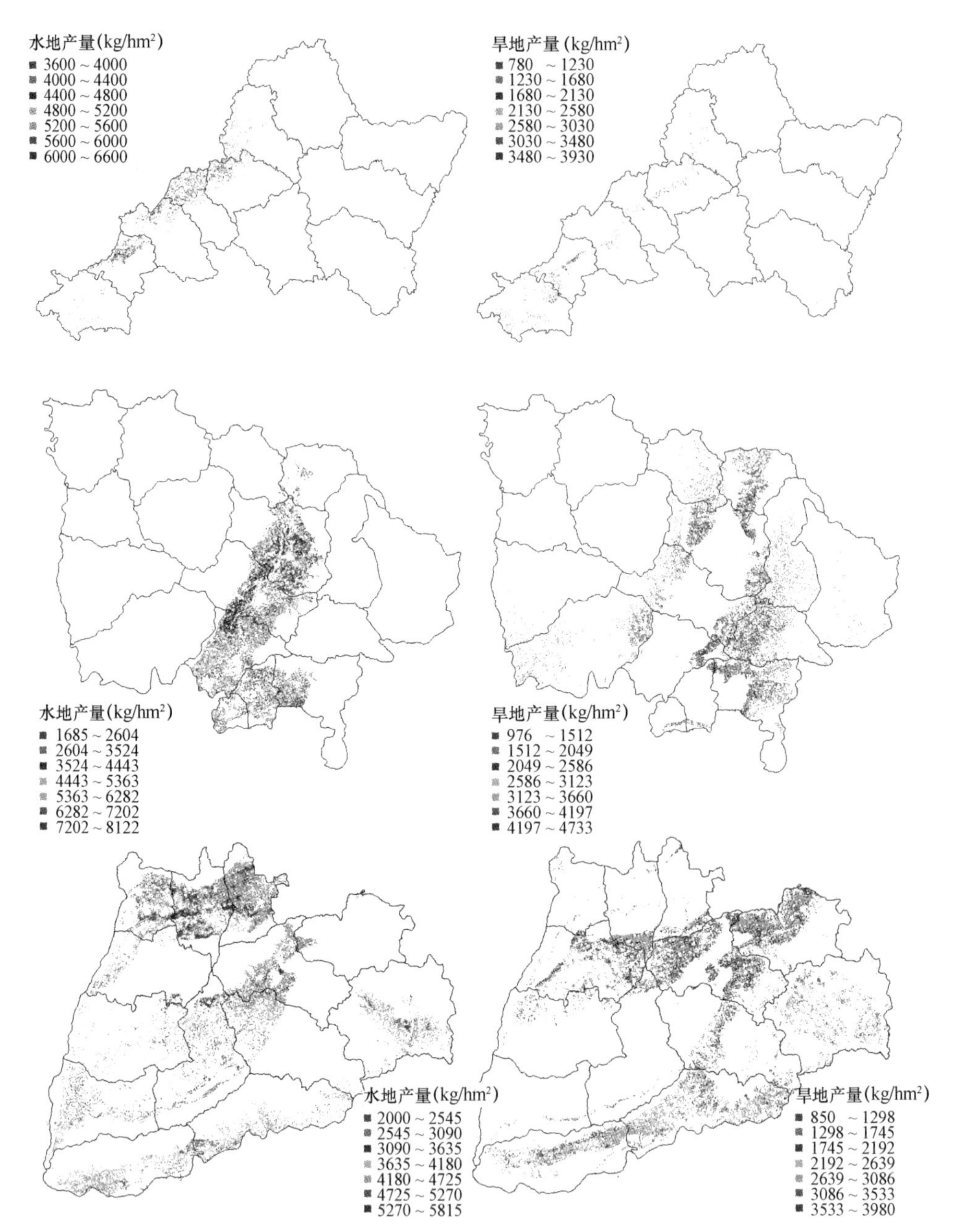

图 7-2 研究区水旱地冬小麦产量空间分布图

Fig. 7-2 Spacial distribution image of winter wheat yield of irrigation and dry-land in study area

表 7-5 研究区冬小麦遥感估产结果

Tab. 7-5 Results of yield estimation of winter wheat in study area

区域 District	灌溉类型 Irrigation type	类别 type	平均单产/(kg/hm^2) Mean yield	面积/hm^2 Area	总产/($\times 10^4$ kg) Total yield
晋中市	水地	估产值	4606	20981	9664
		统计值	4451	27407	12200
		精度	96.52%	76.55%	79.21%
	旱地	估产值	1690	7970	1347
		统计值	1530	7393	1131
		精度	89.54%	92.19%	80.92%
临汾市	水地	估产值	5024	107488	58065
		统计值	4613	94400	42870
		精度	91.09%	86.15%	75.99%
	旱地	估产值	1970.3	127290	25081
		统计值	2097	147733	30972
		精度	93.96%	86.16%	80.98%
运城市	水地	估产值	4080.5	155456	63433
		统计值	3634.2	146107	53098
		精度	87.72%	93.60%	80.54%
	旱地	估产值	2031.1	141465	28732
		统计值	1705.5	167153	28505
		精度	80.91%	84.63%	99.20%
合　计	水地	估产值	4476.5	283925	127099
		统计值	4062.7	267914	108845
		精度	89.81%	94.02%	83.23%
	旱地	估产值	1993.3	322279	55160
		统计值	1880.6	276725	60608
		精度	94.01%	85.87%	91.01%

$$* \text{精度} = \left(1 - \left|\frac{\text{估测值} - \text{统计值}}{\text{统计值}}\right|\right) \times 100\%$$

第五节 小结

冬小麦产量与归一化差值植被指数(NDVI)的相关系数随发育时期不同而不同,水旱地冬小麦 NDVI 值与产量的相关性基本表现为先增大后减小的趋势。晋中地区以 5 月 16 日的 NDVI 值与产量相关系数最大,且达到极显著水平,此时晋中冬小麦恰处于孕穗末期—抽穗初期,所以该时期为晋中冬小麦估产的最佳时相。临汾和运城地区的估产最佳时相则为 5 月 8 日。但是由于气候条件的变化引起冬小麦发育期也会发生变化,所以要充分利用遥感周期覆盖的优势,在上述研究的基础上,每年根据具体的气候条件变化做出适当的调整。

同时,NDVI 值与冬小麦产量的相关系数并不是完全呈先升高后降低的趋势,在这个过程中会出现一些波动,这一过程主要发生在冬小麦生育前期。造成出现这些波动的因素可能有很多种,包括低温冷害、冻害、干旱等,主要是由于在冬小麦生育前期主要是营养生长,叶面积还没有达到最大值,此时受到环境的胁迫会直接影响冬小麦的生长,造成叶片萎蔫,严重时还可能导致冬小麦植株体内叶绿素活性减弱,对近红外光和红光的敏感度下降,导致 NDVI 下降。本研究中造成这种波动最明显的是冻害,尤其是发生在 4 月 3 日的冻害,不同地区冬小麦产量和 NDVI 的决定系数 R^2 表现为晋中和运城地区明显降低,而临汾地区却有延迟,这可能是由于本研究采用的为 8 天合成的 MODIS 数据。

利用旬气象数据和冬小麦产量建立冬小麦气象产量模型,模型虽然均通过了 F 检验,但是其决定系数相对于光谱产量模型偏低。利用最佳时相 MODIS-NDVI 和产量进行回归,其决定系数介于 0.59~0.76,且都通过了 F 检验,模型达到极显著水平。但许多研究表明复合式估产模式比单变量估产模式具有更高的相关性和产量预测能利(Manjunath 等,2002;唐延林等,2004),因此本研究结合气象数据和 NDVI 构建了冬小麦光谱气象产量模型,各地区冬小麦光谱气象产量预测模型均通过 0.01 的显著性水平检验。与气象产量模型和光谱产量模型相比,光谱气象产量模型相对均方根误差(R_{RMSE})和相对误差(RE)明显降低,且降低幅度较大。总体上,光谱气象产量模型的检验结果均优于气象产量模型和光谱产量模型,因而利用冬小麦生育期光谱气象参数进行水旱地冬小麦产量预测会更准确更可靠。因此,利用分辨率为 250 m×250 m 的 MODIS 数据和气象数据构建的光谱气象产量模型进行大面积的冬小麦遥感估产是可行的。

本试验结果初步表明:应用 TM 和 MODIS 卫星数据结合气象数据资料,在山西省晋中、临汾和运城地区实施冬小麦遥感估产取得的精度,旱地冬小麦单产精度在80.91%～93.96%，水地估产精度一般在87.72%～96.52%，其中只有临汾旱地单产精度稍低。旱地总产量精度在80.92%～99.20%，水地精度在75.99%～80.54%，其中临汾水地总产量的估算精度偏低，仅为75.99%。说明估产的精度稍低，其稳定性稍差。但是从全研究区来看，水旱地单产和总产的精度都在83%以上，基本可以满足本研究的要求。

同时，构建的模型精度也与采样点的布设有着密切的关系，由于时间、交通工具等原因，本试验在采样点布设的合理性和科学性上还存在一定的问题，也可能导致模型精度的降低。

文中虽然得出了明显的结论，由于研究时间的限制，数据资料还比较缺乏，本研究只考虑了均温、降水、日照时数，但是影响冬小麦产量构成因素的气象因子还有很多，比如最低、最高温度、气温日较差、品种以及其他各种气象灾害等的影响。另外一个原因就是可能存在更显著的其他气象因子，由于资料的保密性，没有进行原始资料的统计分析，从而也可能成为制约模型精度的原因之一。使得模型的构建与生产实践还存在着一定程度的差距。今后仍需不断完善模型并与其他模型结合，从而增强系统性和综合性，提高了模型的应用性。因而进行预测和决策服务准确率还有待进一步提高，所以，进一步进行多种因子对冬小麦产量影响以及估产模型的优化的专项研究，提高冬小麦产量的预测水平，更好地为防灾减灾和指导农业生产服务。

参考文献

[1] 曹卫彬，刘姣娣，赵良斌，等. 北疆棉花遥感估产最佳时相选择研究[J]. 中国棉花，2007，3：10-11.

[2] 冯美臣，杨武德. 小麦遥感估产研究进展与发展趋势[J]. 作物研究，2005，4：251-254.

[3] 黄敬峰，王人潮，蒋亨显，等. 基于GIS的浙江省水稻遥感估产最佳时相选择[J]. 应用生态学报，2002，13：290-294.

[4] 黄敬峰，王秀珍. 新疆植被遥感最佳时相选择研究[J]. 遥感技术与应用，1993，8(4)：7-10.

[5] 江东，王乃斌，杨小唤，等. NDVI曲线与农作物长势的时序互动规律[J]. 生态学报，2002，22(2)：247-252.

[6] 江晓波，李爱农，周万村. 3S一体化技术支持下的西南地区冬小麦估产[J]. 地理研究，2002，21(5)：585-592.

[7] 江晓波. 西南地区冬小麦遥感估产研究—以四川省为例[D]. 中国科学院长春应

用化学研究所硕士学位论文,2000.

[8] 黎泽文. 棉花种植面积监测方法的研究[A]. 环境监测与作物估产的遥感研究论文集[C]. 北京:北京大学出版社,1991:86-91.

[9] 刘良云,王纪华,黄文江,等. 利用新型光谱指数改善冬小麦估产精度[J]. 农业工程学报,2004,20(1):172-175.

[10] 唐延林,黄敬峰,王人潮,等.水稻遥感估产模拟模式比较[J].农业工程学报,2004,20(1):166-171.

[11] 汪逢熙. 棉花遥感识别的最佳时相及地面模式[A]. 环境监测与作物估产的遥感研究论文集[C]. 北京:北京大学出版社,1991:86-91.

[12] 王秀珍,黄敬峰,李云梅,等. 水稻叶面积指数的多光谱遥感估算模型的研究[J]. 遥感技术与应用,2003,18(2):57-65.

[13] 邹尚辉. 植被资源调查中最佳时相遥感图像的选择研究[J]. 植物学报,1985,27:525-531.

[14] Abdi H (2007) Multiple correlation coefficient. In N. J. Salkind (Ed.): Encyclopedia of Measurement and Statistics. Thousand Oaks (CA): Sage: 648-651.

[15] Barnett J L and Thompson D R. Large area relation of Landsat MSS and NOAA-6 AVHRR spectral data to wheat yield [J]. Remote Sensing of Environment, 1983, 13: 277-290.

[16] Barnett J L, Thompson D R. The use of large-area spectral data in wheat yields estimation [J]. Remote Sens. Environ, 1982, 12: 509-518.

[17] Basnyat P, Mcconkey B, Lafond G R, Moulin A and Pelcat Y. Optimal time for remote sensing to relate to crop grain yield on the Canadian prairies [J]. Canadian Journal of Plant Science, 2004, 84: 97-103.

[18] Baze-gonzález A D, Kiniry J R, Maas, S J, Tiscareno M, Macias J, Mendoza J L, Richardson C W, Salinas J and Manjarrez J R. Large-area maize yield forecasting using leaf area index based yield model [J]. Agronomy Journal, 2005, 97: 418-425.

[19] Boatwright G. O, Badhwar G D Johnson W R. An AVHRR spectral based yield model for corn and soybeans. Final Report, Project No. 8103, USDA-ARS, Beltsville, Maryland, USA, 1988.

[20] Bouman B A M. Linking physical remote sensing models with crop growth simulation models, applied for sugar beet[J]. International Jouranal of Remote Sensing, 1992, 13(14): 2565-2581.

[21] Bullock P R. Operational estimates of western Canadian grain production using

NOAA/AVHRR LAC data [J]. Canadian Journal of Remote Sensing, 1992, 8: 23-28.

[22] Curran P J. Remote sensing in agriculture: an introductory review[J]. Journal of Geography, 1987, 86: 147-156.

[23] Goward S N, Markham B, Dye D G., Dulaney W and Yang J. Normalized diverence vegetation index measurements from the advanced very high resolution radiometer [J]. Remote Sensing of Environment, 1991, 35: 257-277.

[24] Guiarati DN (1995) Basic econometrics. 3rd edition (New York: McGraw Hill).

[25] Gutman G G. Vegetation indices from AVHRR: An update and future prospects [J]. Remote Sensing of Environment, 1991, 35: 121-136.

[26] Hamar D, Ferencz C, Litchenberger J, Tarcsai G and Ferencz-Arkos I. Yield estimation of corn and wheat in the Hungarian great plain using Landsat MSS data [J]. International Journal of Remote Sensing, 1996, 17: 1689-1699.

[27] Idso S B, Pinter P J J, Reginato R J. Estimation of crop grain yield by remote sensing of crop senescence rates [J]. Remote Sensing of Environment, 1980, 9: 87-91.

[28] Kalubarme M H, Potdar M B, Manjunath K R, Mahey R K and Siddhu S S. Growth profile based crop yield models: a case of large area wheat yield modelling and its extendibility using atmospheric corrected NOAA AVHRR data [J]. International Journal of Remote Sensing, 2003, 24: 2037-2054.

[29] Labus M P, Nielsen G A, Lawrence R, Engel R and Long D S. Wheat yield estimates using multitemporal NDVI satellite imagery [J]. International Jouranal of Remote Sensing, 2002, 23: 4169-4180.

[30] Liu L Y, Wang J H, Bao Y S, Huang W J, Ma Z H and Zhao C J. Predicting winter wheat condition, grain yield and protein content using multi-temporal EnviSat-ASAR and Landsat TM satellite images [J]. International Journal of Remote Sensing, 2006, 27(4): 737-753.

[31] Manjunath K R, Potdar M B, Purohit N L. Large area operational wheat yield model development and validation based on spectral and meteorological data [J]. International Journal of Remote Sensing, 2002, 23: 3023-3038.

[32] Marco G, Richard WM, Detlev H (2006) Influence of three-dimensional cloud effects on satellite derived solar irradiance estimation-First approaches to improve the Heliosat method. Solar Energy 80(9): 1145-1159.

[33] Moulin S, Bondeau A and Delecolle R. Combining agricultural crop models and

satellite observations: from field to regional scales [J]. International Journal of Remote Sensing, 1998, 19: 1021-1036.

[34] Patel N K, Singh T P, Sahml B. Spectral response of rice crop and its relation to yield and yield attributes [J]. International Jouranal of Remote Sensing, 1985, 6: 657-664.

[35] Potdar M B, Manjunath K R and Purohit N L. Multi-season atmospheric normalization of NOAA AVHRR derived NDVI for crop yield modeling [J]. Geocarto International, 1999, 14: 51-56.

[36] Potdar M B, Sudha R, Ravi N, Navalgund R R, and Dubey R C. Spectrometeorological modeling of sorghum yield using single data IRS LISS-1 and rainfall distribution data [J]. International Jouranal of Remote Sensing, 1995, 16: 467-485.

[37] Potdar M B. Sorghum yield modelling based on crop growth parameters determined from visible and near-IR channel NOAA AVHRR data [J]. International Journal of Remote Sensing, 1993, 14: 895-905.

[38] Rasmussen M S. Operational yield forecast using AVHRR NDVI data: reduction of environmental and inter-annual variability [J]. International Journal of Remote Sensing, 1997, 18: 1059-1077.

[39] Rasmussen M S. Operational yield forecast using AVHRR NDVI data: reduction of environmental and inter-annual variability [J]. International Jouranal of Remote Sensing, 1997, 18(5): 1059-1077.

[40] Ray S S and Pokharna S S. Cotton yield estimation using agrometeorological model and satellite-derived spectral profile [J]. International Journal of Remote Sensing, 1999, 20: 2693-2702.

[41] Rudorff B F T and Batista G T. Wheat yield estimation at the farm level using TM Landsat and Agrometeorological Data [J]. International Journal of Remote Sensing, 1991, 12: 2477-2484.

[42] Rudorff B F T, Batista G T. Yield estimation of sugarcane based on agro meteorological spectral models [J]. Remote Sensing of Environment, 1990, 33: 183-192.

[43] Shibayama M, Akiyama T. Seasonal visible, near infrared and middle infrared spectra of rice canopies in relation to LAI and above ground phytomass [J]. Remote Sensing of Environment, 1989, 27: 119-127.

[44] Singh R, Semwal D P, Rai A and Chhikara R S. Small area estimation of crop yield

using remote sensing satellite data [J]. International Jouranal of Remote Sensing, 2002, 23: 49-56.

[45] Tarpley J D, Schneider S R, and Money R L. Global vegetation indices from the NOAA-7 meteorological satellite [J]. Journal of Climate and Applied Meteorology, 1984, 23: 491-495.

[46] Tennakoon S B, Murty V A. An estimation of cropped area and grain yield of rice using remote sensing data [J]. International Jouranal of Remote Sensing, 1992, 13 (3): 427-439.

[47] Thenkabail P S. Biophysical and yield information for precision farming from near-real-time and historical Landsat TM images [J]. International Journal of Remote Sensing, 2003, 24: 2879-2904.

[48] Tucker C J, Holben B N, Elgin Jr J H and McMurtrey J E. Relationship of spectral data to grain yield variation [J]. Photogrammetric Engineering and Remote Sensing, 1980, 46: 657-666.

[49] Tucker C J, Sellers J. Satellite remote sensing of primary production [J]. International Journal of Remote Sensing, 1986, 7: 1395-1416.

[50] White GC, Anderson DR, Burnham KP, Otis DL (1982) Capture-recapture and removal methods for sampling closed populations. Los Alamos National Laboratory, Los Alamos.

[51] Wiegand C L, Richardson A J, Escobar D E and Gerbermann A H. Vegetation indices in crop assessments [J]. Remote Sensing of Environment, 1991, 35: 105-119.

[52] Wiegand C L, Richardson A J. Leaf area, light interception and yield estimation from spectral component analysis [J]. Agronomy Journal, 1984, 76: 543-548.

第八章　冬小麦籽粒蛋白质含量的遥感监测及区划分析研究

小麦籽粒中富含蛋白质，普通小麦籽粒的平均蛋白质含量在13%左右，并含有各种氨基酸，是完全蛋白质。籽粒蛋白质含量(Grain Protein Content，GPC)是衡量小麦品质的重要指标之一(Shewry 等，2004；Matsunak 等，1997)。

传统的籽粒蛋白质含量检测方法是于冬小麦灌浆期、成熟时或收获后，对籽粒或者面粉进行室内生化测定(曾秀英等，1990；李冬梅等，2006)，这种方法需要进行破坏性的多点采样，费时、费工、检测成本高(Wang 等，2004)，难以实现大面积冬小麦品质的监测和预报。近年来随着遥感技术的迅猛发展(Lu 等，2004)，为大面积、迅速、无破坏地监测小麦籽粒品质提供了可能(Gitelson 等，1998；Hansen 等，2002；Manjunath 等，2002)。随着空间技术的发展，遥感在农业上的应用将更加广泛。

建立小麦籽粒蛋白质含量和遥感参数的模型是实现遥感定量和精准监测的基础，Apan 等(2006)使用偏最小二乘回归法建立基于光谱植被指数的冬小麦籽粒蛋白质含量估测模型，能够较准确地预测冬小麦籽粒蛋白质含量。Reyniers 等(2006)利用彩红外的航空遥感影像和地物光谱仪在小麦收获前一个月左右对冬小麦的籽粒蛋白质含量进行了预测，预测精度达到90%。Liu 等(2006)利用 Landsat TM 卫星影像进行小麦品质的遥感监测，发现孕穗期、抽穗期、灌浆期 TM 的短波红外通道光谱反射率与籽粒蛋白质含量达极显著正相关，基于 C-HH 和 SIPI 数据建立的预测模型其相关系数达到0.75。

Wright 等(2004)对小麦植株氮素状况进行分析后发现，通过生育中期旗叶的氮素含量可以进一步预测籽粒的蛋白质含量。Huang 等(2007)认为在开花期利用叶片含氮量和氮反射率指数可以较好地进行籽粒蛋白质含量的预测。因而利用遥感数据进行开花期冬小麦籽粒蛋白质含量预测是可行的(Zhao 等，2005)。

归一化差值植被指数(Normalized Difference Vegetation Index，NDVI)是最常用的一种植被指数，对植被生长状况、生产率及其他生物物理、生物化学特征敏感(Boken 等，2002)。广泛应用于土地利用覆盖监测(Shih，1994)、植被覆盖密度评价(Zribi 等，2003)、作物识别(Yafit 等，2002)和作物产量预报(Daughtry 等，

1992;Serrano 等,2000)等方面。Stone 等(1996)研究表明 NDVI 与植株含氮量有很强的相关性。

本章试图通过明确利用抽穗初期植株含氮量(Plant nitrogen content, PNC)预测籽粒蛋白质含量的最佳生育时期,筛选与植株含氮量相关密切的植被指数,从而通过线性回归方法以植株含氮量为链接点建立具有更高可靠性的蛋白质预测模型,同时利用 GIS 对反演数据进行插值分析以获得蛋白质含量的区域分布,为最终利用遥感手段监测小麦品质和区划种植提供依据。

第一节　采样及数据测定分析

一、采样及数据测定

本研究于 2006 年、2007 年和 2009 年在临汾市水旱地冬小麦种植区开展,并

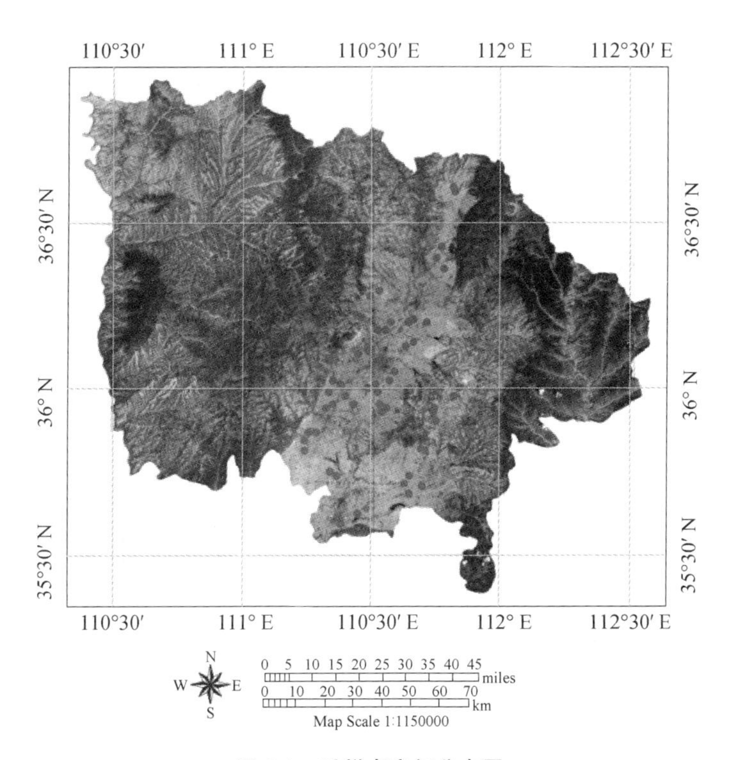

图 8-1　采样点空间分布图

Fig. 8-1　The spatial distribution image of sampling sites

进行样点采集，其中水地样点38个，旱地样点16个（图8-1）。水地主要种植品种为“临优7287”，籽粒蛋白质含量平均为14.06%。旱地主要品种为“晋麦79”，蛋白质平均含量为14.84%。水旱地冬小麦种植日期均为10月上旬，收获期分别为5月下旬和6月中旬。冬小麦不同生育时期，在典型地段设置50 m×50 m样条进行采样，重复3次。利用2006年和2007年两年数据进行模型的构建，利用2009年采样数据进行模型的检验。同时，利用GPS对该区域进行准确定位，测定其经纬度，通过已处理遥感图像，进行冬小麦蛋白质与卫片绿度值的对照，为冬小麦蛋白质监测模型的建立做准备。其中，2006、2007年的数据用于构建模型，2009年的数据用于模型验证。

将采集的样本带回实验室，进行数据测定。将粉碎的麦秆、籽粒置于烘箱中，以恒温70 ℃烘烤24 h。然后取样品经计算分别获得植株含氮量（抽穗初期和收获期）、籽粒蛋白质含量。其中籽粒蛋白质含量采用凯式定氮法（Sahrawat，1995）测得籽粒全氮含量，然后乘以换算因子5.7（Reyniers等，2006）推算得出。

表8-1列出了不同灌溉类型冬小麦植株含氮量和籽粒蛋白质含量的均值、标准差和差值，各变量极值相差较大，例如，水地冬小麦PNC和GPC极值范围分别为5倍和1.5倍，旱地冬小麦则均为2倍，但不同灌溉类型冬小麦均值却是比较接近的。旱地冬小麦蛋白质含量极值范围较大，可能是由于区域降水不均匀造成的。而这种现象的存在更有利于不同变量和光谱之间的关系建立。

表8-1　水旱地冬小麦植株氮含量和籽粒蛋白质含量统计

Tab.8-1　The summary of variables measured different irrigation type winter wheat

灌溉类型 Irrigation Type	变量 Variables	均值 Mean	标准差 Standard deviation	最小值 Min	最大值 Max	差值 Range
水地	PNC	1.6690	0.7124	0.7643	3.8479	3.0836
	GPC	12.7617	1.1722	10.4801	15.4102	4.9301
旱地	PNC	1.1928	0.3059	0.8748	1.8144	0.9396
	GPC	12.4966	2.4967	7.1484	14.9925	7.8441

二、数据分析与计算方法

利用Excel软件进行数据整理、分析和绘图。利用统计软件DPS7.05对数据进行统计分析、回归分析和方差分析（Tang等，2013）。

通过对不同时期的归一化差值植被指数与抽穗初期冬小麦植株含氮量进行相

关分析，选择显著相关的植被指数，通过回归分析建立冬小麦籽粒蛋白质监测模型，利用F检验对模型进行检验，利用多元相关系数(R^2)(Abdi，2007)、F测验、相对均方根误差(R_{RMSE})(Marco等，2006)和相对误差(RE)(White等，1982)对模型的预测准确性进行分析。

R^2、F测验、R_{RMSE}和RE的公式如下：

$$\mathrm{MCC}/R^2=\frac{\sum(\hat{y}-\bar{y})}{\sum(y-\bar{y})}$$

$$F\text{-test}=\frac{v_2R^2}{v_1(1-R^2)}$$

其中y，$\bar{y}$和$\hat{y}$分别为观测值，均值和预测值，ν为自由度($\nu_1=m$，$\nu_2=n-m-1$)。

$$R_{RMSE}=\sqrt{\frac{1}{n}\sum_{i=1}^{n}(O_i-S_i)^2}\Big/\frac{1}{n}\sum_{i=1}^{n}O_i$$

$$RE=\frac{1}{n}\sum_{i=1}^{n}\left(\frac{|O_i-S_i|}{O_i}\right)$$

其中，O_i和S_i分别为第i个样本的观测值和模拟值，n为样本数。

第二节　冬小麦 NDVI 与植株含氮量之间的关系

冬小麦各个生育时期NDVI与抽穗初期的植株含氮量之间均存在相关性，但不同灌溉类型、不同时期相关程度不一(图8-2)。3月29日、4月14日、5月8日水地冬小麦NDVI与植株含氮量均存在极显著负相关关系，其相关系数分别为-0.42、-0.45和-0.44。而旱地冬小麦在4月30日和5月8日的NDVI与其植株含氮量相关达到极显著水平，其相关系数分别为-0.75和-0.67。因此，水地冬小麦3月29日、4月14日、5月8日的NDVI可以用来预测其植株含氮量，本研究选择其中相关性最大的两个时期(4月14日和5月8日)作为预测其抽穗初期植株含氮量的指标。考虑旱地冬小麦NDVI和植株含氮量的关系，选择4月30日和5月8日的NDVI作为预测其植株含氮量的指标。

根据水旱地冬小麦NDVI与其植株含氮量的关系，建立了冬小麦植株含氮量的模型，其方程如表8-2所示。

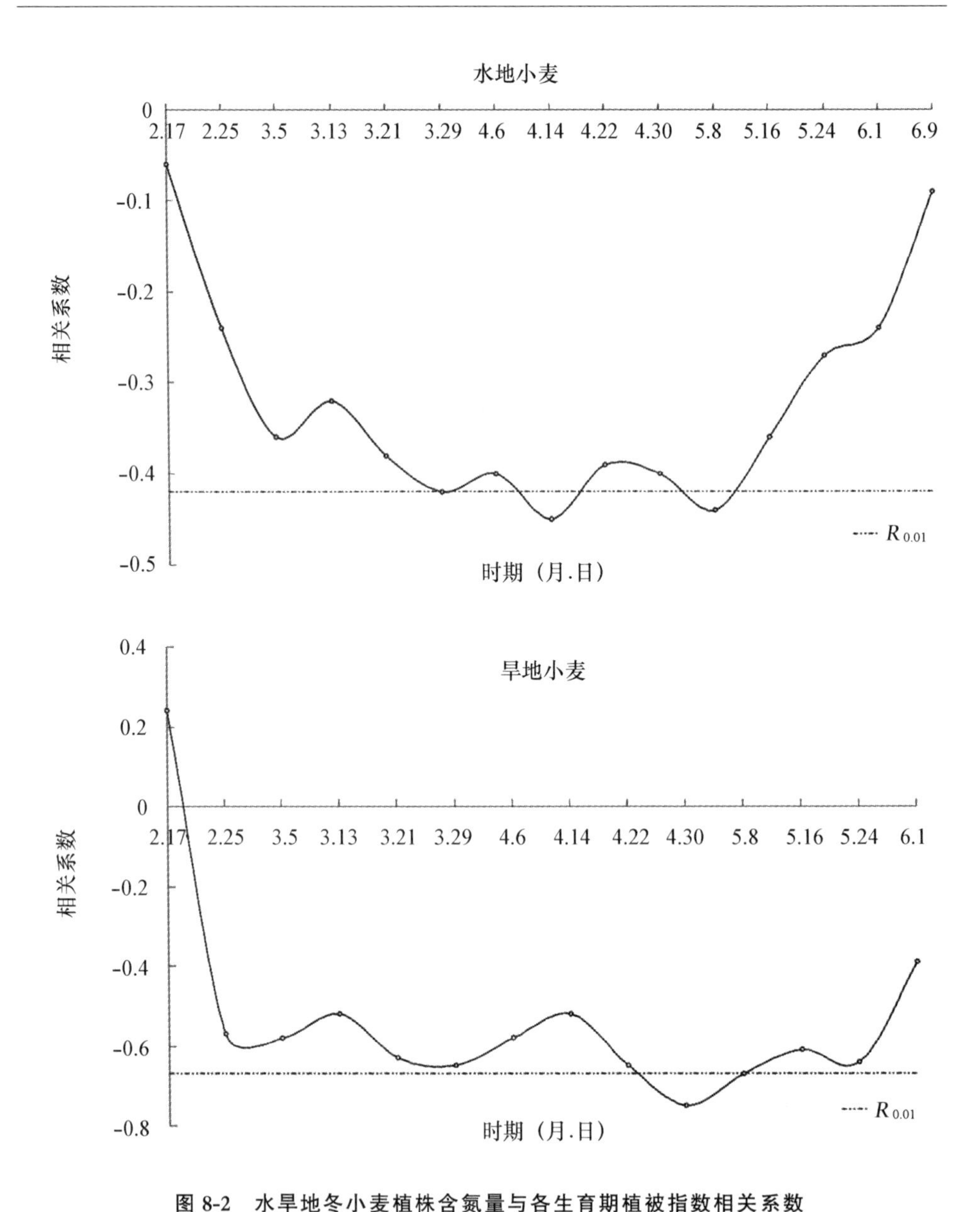

图 8-2　水旱地冬小麦植株含氮量与各生育期植被指数相关系数

Fig.8-2　Correlation coefficients of the relationships between NDVI and PNC of irrigation-land and dry-land at different stages

表 8-2 水旱地冬小麦植株含氮量估测模型

Tab. 8-2 PNC estimation models of irrigation-land and dry-land winter wheat

类型 Type	模型 Model	R^2	F-test	F-crit	R_{RMSE}	RE
水地	$N(\%)=2.7597-0.0241NDVI_{4.14}$	0.202	9.1	7.4	0.369	0.291
	$N(\%)=2.9790-0.0225NDVI_{5.8}$	0.192	8.6	7.4	0.346	0.278
旱地	$N(\%)=3.4194-0.0440NDVI_{4.30}$	0.569	18.5	8.5	0.131	0.111
	$N(\%)=2.7682-0.0281NDVI_{5.8}$	0.446	11.3	8.5	0.171	0.146

对上述水旱地冬小麦植株含氮量模型预测效果进行 F 检验，$F > F_{0.01}$，说明该产量预测模型达极显著水平。水地模型以 4 月 14 日 NDVI 回归效果最好，旱地模型以 4 月 30 日 NDVI 回归效果最佳。水地模型相关系数均小于旱地模型，而相对均方根误差和相对误差却均大于旱地模型，表明旱地模型具有较好的植株含氮量的预测能力。

从上述的分析结果，可以看出整体上模型的 R^2 比较小。理论上，模型的 R^2 越接近 1，RE 和 R_{RMSE} 越接近 0，意味着模型的效果越理想。而本研究中旱地模型通过了 0.01 显著水平检验，但 R^2 也仅为 0.569，这可能与所取样点数量较多，异质性较大造成的。另外，在整个研究过程中，我们并不干涉农民的生产和管理，这样的自然状况或许是产生模型精度降低的主要原因。因此，利用遥感数据监测冬小麦籽粒蛋白质的含量，其精度不高也是可能的。

同时，本研究利用水旱地冬小麦两个时相的 NDVI 与植株含氮量建立复合式预测模型，其方程如下。

水地冬小麦：

$$N(\%) = 2.9358 - 0.0126NDVI_{4.14} - 0.0119NDVI_{5.8}$$
$$(n = 38, R^2 = 0.207, F = 9.4, R_{RMSE} = 0.302, RE = 0.254)$$

旱地冬小麦：

$$N(\%) = 3.1581 - 0.0216NDVI_{4.30} - 0.0156NDVI_{5.8}$$
$$(n = 16, R^2 = 0.527, F = 15.6, R_{RMSE} = 0.124, RE = 0.106)$$

由上述方程可知，水旱地冬小麦复合式预测模型均通过 F 检验，模型均达极显著水平，同时和单因素模型相比水地相关系数高于单因素模型，而旱地冬小麦则介于二者之间。

第三节　冬小麦植株含氮量与籽粒蛋白质含量的关系

对冬小麦抽穗初期植株含氮量与籽粒蛋白质含量进行相关分析，发现水、旱地冬小麦植株含氮量与籽粒蛋白质含量均存在极显著正相关关系，其相关系数分别为 0.74 和 0.75。

根据水、旱地冬小麦抽穗初期植株含氮量与其籽粒蛋白质含量的关系，分别建立了预测籽粒蛋白质含量的农学模型，其方程如表 8-3 所示。

表 8-3　水旱地冬小麦籽粒蛋白质含量农学估测模型

Tab.8-3　Agriculture estimation models of GPC of irrigation-land and dry-land winter wheat

灌溉类型 Irrigation Type	模型 Model	R^2	F-test	F-crit	R_{RMSE}	RE
水地	Pro(%) = 10.7421 + 1.2101(N%)	0.541	42.4	7.4	0.063	0.054
旱地	Pro(%) = 5.1689 + 6.1431(N%)	0.567	18.3	8.5	0.205	0.141

从表中可以看出水旱地冬小麦蛋白质含量农学估测模型的 F 值均大于 F-crit 值，说明各地区水旱地冬小麦光谱产量模型均通过 0.01 的显著性水平检验。其中，水地模型相对均方根误差和相对误差均小于旱地模型。

第四节　冬小麦籽粒蛋白质预测模型及验证

由于植株含氮量和籽粒蛋白质含量之间存在显著相关性，因此可通过植株含氮量与植被指数间的模型间接预测籽粒蛋白质含量。因此为实现蛋白质含量的遥感预测，将植株含氮量预测模型和蛋白质含量预测模型进行了链接。方程如表 8-4 所示。

表 8-4　水旱地冬小麦蛋白质含量光谱预测模型

Tab.8-4　Spectral GPC estimation models of irrigation-land and dry-land winter wheat

类型 Type	模型 Model	R^2	F-test	F-crit	R_{RMSE}	RE
水地	Pro(%) = 14.0815 − 0.0292$NDVI_{4.14}$	0.235	11.1	7.4	0.083	0.063
	Pro(%) = 14.3469 − 0.0272$NDVI_{5.8}$	0.228	10.6	7.4	0.082	0.063
旱地	Pro(%) = 26.1742 − 0.2700$NDVI_{4.30}$	0.487	13.3	8.5	0.185	0.123
	Pro(%) = 22.1738 − 0.1725$NDVI_{5.8}$	0.557	17.6	8.5	0.189	0.119

从上表可以看出，水旱地蛋白质含量光谱预测模型的 F 值均大于 F-crit 值，说明水旱地冬小麦蛋白质含量光谱预测模型均通过 0.01 的显著性水平检验。水地冬小麦以 4 月 14 日的 NDVI 建立的模型 R^2 值大于 5 月 8 日，因此选择 4 月 14 日的模型作为冬小麦蛋白质含量的预测模型。而旱地冬小麦则选择 5 月 8 日的模型作为冬小麦蛋白质的预测模型。

同时，利用水旱地冬小麦两个时相的 NDVI 和植株含氮量建立复合式预测模型与蛋白质含量预测模型进行链接，方程如下。

水地冬小麦：

$$Pro(\%) = 14.2946 - 0.0152NDVI_{4.14} - 0.0145NDVI_{5.8}$$

$$(n = 38, R^2 = 0.244, F = 11.6, R_{RMSE} = 0.081, RE = 0.062)$$

旱地冬小麦：

$$Pro(\%) = 24.5688 - 0.01325NDVI_{4.30} - 0.0955NDVI_{5.8}$$

$$(n = 16, R^2 = 0.632, F = 24.0, R_{RMSE} = 0.144, RE = 0.106)$$

上述方程用 F 检验对相关系数进行显著性检验结果表明，水旱地冬小麦光谱复合预测模型通过 0.01 的显著性水平检验。构建模型的目的只是为了预测，因此可以利用 R^2 进行模型的检测（Guiarati，1995）。水旱地冬小麦复合式预测模型的 R^2(R)和其他两种单因素模型相比均有提高，同时 R_{RMSE} 和 RE 也比单因素模型有所降低，分别降低了 0.2%（0.1%）和 1.7%（1.3%）。总体上，复合式蛋白质预测模型的检验结果均优于单因素预测模型，因而利用冬小麦复合式预测模型进行水旱地冬小麦蛋白质含量预测会更准确更可靠。

另外，我们利用同一时相（5 月 8 日）的数据构建了水旱地籽粒蛋白质的混合模型，模型如下：

$$Pro(\%) = 17.5174 - 0.1101NDVI_{5.8} - 0.0004NDVI_{5.8}^2$$

$$(n = 54,\ R^2 = 0.174,\ F = 6.57,\ R_{RMSE} = 0.254,\ RE = 0.340)$$

尽管水旱地蛋白质混合预测模型通过了 0.01 显著性检验，但是决定系数的值远低于分类模型，R_{RMSE} 和 RE 也高于分类模型。这主要是由于水旱地冬小麦生长过程受品种和环境等因子的影响是不同的。例如，5 月 8 日水地冬小麦处于抽穗中期，而旱地冬小麦此时已处于抽穗末期，同样二者成熟时期也是不同的。因而，也就导致了使用同时相的数据混合模型的精度远低于分类模型。

为了检验模型的精确性和适用性，利用 2009 年采集的数据对模型进行验证，如图 8-3 所示。

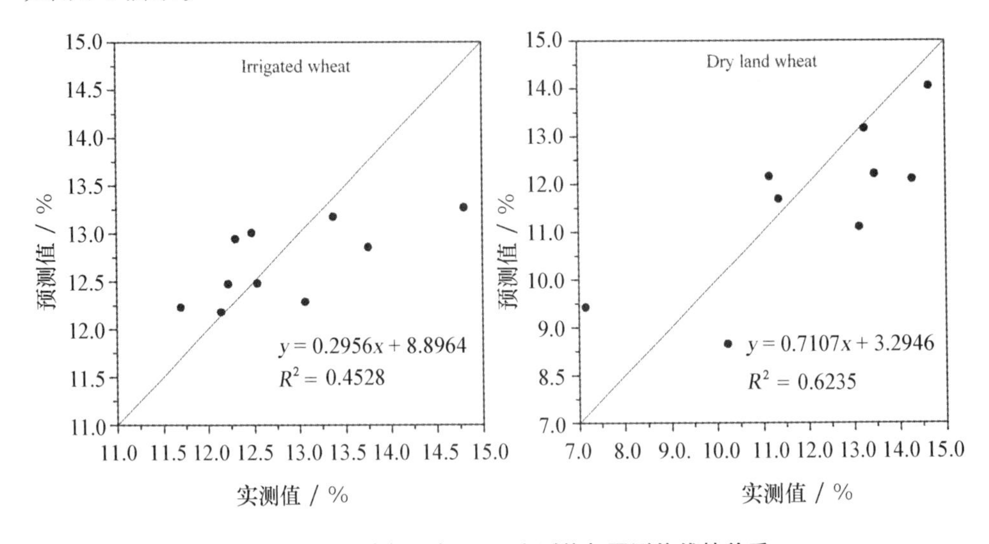

图 8-3 水旱地冬小麦 GPC 实测值与预测值线性关系

Fig. 8-3 Liner relationships between predicted and measured values of GPC of irrigated and dry land wheat

水地冬小麦蛋白质含量预测模型的验证精度为 0.453，R_{RMSE} = 0.054，斜率为 0.296，截距为 8.896，模型通过了 0.01 显著性检验。旱地冬小麦蛋白质含量预测模型相比水地预测能力更好（验证精度为 0.624，R_{RMSE} = 0.118，斜率为 0.711，截距为 3.295）。整体来看，混合模型的预测精度好于单因子模型，在水旱地冬小麦籽粒蛋白质含量的预测上具有较高的可靠性。

第五节 模型反演及区划分析

根据所得到的复合式蛋白质预测模型，利用 ENVI 软件进行图像运算，获得水旱地冬小麦籽粒蛋白质含量的空间分布图（图 8-4，另见彩图 8-4）。从图中可以看出，蛋白质含量小于 12.5% 的水地冬小麦主要分布在洪洞、临汾、襄汾和翼城等县市，蛋白质含量在 12.5%～13% 的冬小麦各县均有分布且不均匀，而 13%～13.5% 的冬小麦主要分布于南北两头，大于 13.5% 的冬小麦零散分布于各县市。旱地 10%～12% 蛋白质含量的冬小麦主要分布在临汾、霍州和乡宁等县市，14%～16% 的冬小麦主要分布在东南地区，其余各蛋白质含量的冬小麦基本上各县市均有分布。

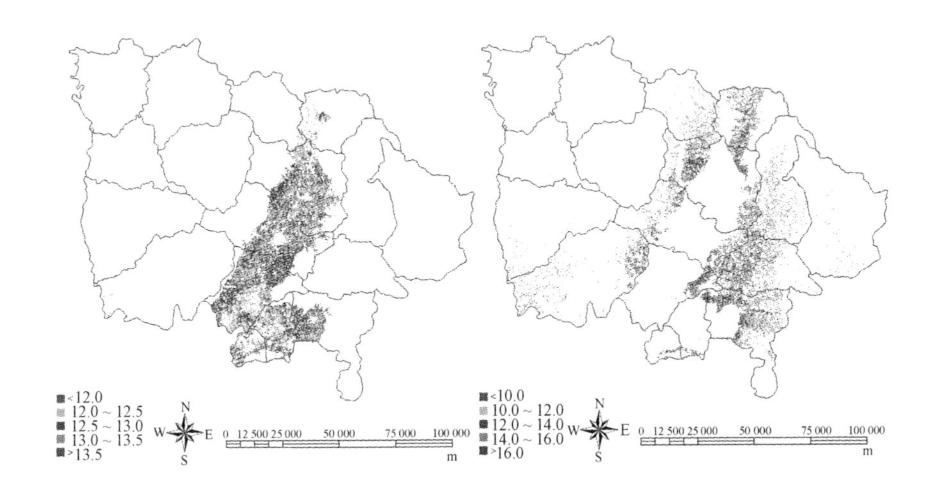

图 8-4 临汾市水旱地冬小麦籽粒蛋白质含量的空间分布图

Fig. 8-4 Spacial distribution image of winter wheat GPC of irrigation-land and dry-land in Linfen

从图 8-4 可以看出,不同分级籽粒蛋白质含量在空间分布上是较为分散的,没有形成区域片状信息,这对不同冬小麦蛋白质含量的区域种植是极为不利的。因此有必要利用 GIS 空间分析能力对其进行区划分析。将最外围的分散点进行连接形成冬小麦种植区域,然后利用克里金插值方法(Inverse Distance Weighted,IDW)(Matheron,1963)来实现籽粒蛋白质含量的区划,如图 8-5 所示(另见彩图 8-5)。

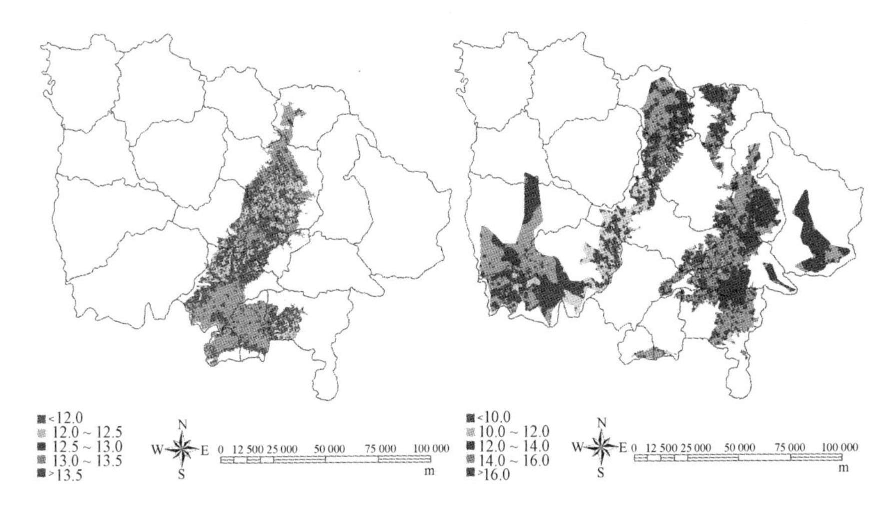

图 8-5 水旱地冬小麦籽粒蛋白质含量的区划图

Fig. 8-5 The GPC regionalization images of irrigated and dry land wheat

第六节 小结

对冬小麦生育时期而言，水地冬小麦4月14日和5月8日NDVI(对应的旱地冬小麦4月30日和5月8日NDVI)全株含氮量模型的预测能力接近，均可对植株含氮量进行较好的预测。但在实际操作中应优选5月8日的模型，主要是由于在试验过程中所采样均在该时期进行。而本试验由于时间和精力所限并没有对不同生育时期植株含氮量进行同步采样，因此可能会漏掉最佳估算因子。

本研究根据冬小麦生育期归一化差值植被指数－植株含氮量－籽粒蛋白质含量这一技术路径，以植株含氮量为连接点将模型链接，建立基于不同生育时期的冬小麦籽粒蛋白质含量预报模型。水地冬小麦以4月14日的NDVI建立的模型 R 值大于5月8日，因此选择4月14日的模型作为冬小麦蛋白质含量的预测模型。而旱地冬小麦则选择5月8日的模型作为冬小麦蛋白质的预测模型。水旱地冬小麦复合式预测模型的 R^2(R)和其他两种单因素模型相比均有提高，同时 R_{RMSE} 和 RE 也比单因素模型有所降低，分别降低了0.1%(0.1%)和1.7%(1.3%)。总体上，复合式蛋白质预测模型的检验结果均优于单因素预测模型，因而利用冬小麦复合式预测模型进行水旱地冬小麦蛋白质含量预测会更准确更可靠。

前人多以建立开花期叶片含氮量和蛋白质含量的高光谱模型来预测冬小麦籽粒蛋白质含量，并取得了较好的预测效果。但在大面积的监测研究中，由于样点的选择及采样的及时性和样本的保存较为困难，因此本研究只选择了植株含氮量进行相关的研究，预测的精度还有待于进一步的研究，建立地面研究基地可能成为解决这一问题的关键。

气象因子如降水量、温度、日照等是影响籽粒品质的重要因素，数据处理时进行了相应的相关分析，但相关性表现较低，因此在最后的建模中没有引入气象因子。但这并不能表明气象因子对籽粒品质没有影响，可能是由于取样点远离气象站以及气象因子回归效果较差的原因引起的。影响冬小麦籽粒蛋白质含量的因素还有品种、肥料等因素(Stark 等，2001；Terman 等，1969)，本试验没有涉及，因而这些影响冬小麦品质的因子有待于进一步的研究。

同时，在选取采样点的时候由于旱地多分布在丘陵地带，交通不便，故本研究旱地冬小麦小麦采样点偏少，给模型的验证带来影响。

另外，冬小麦籽粒品质指标除蛋白质含量外，还有淀粉含量及组分、湿面筋含量、沉降值、角质率、容重等多个指标。本研究仅探讨了冬小麦籽粒蛋白质含量的遥感监测，而小麦品质的其他指标的遥感监测还有待于进一步的研究。

参考文献

[1] 曾秀英,郭学兴,曹熙德,等. 直接蒸馏法快速测定稻麦蛋白质含量[J].中国种业,1990(1):25-27.

[2] 李冬梅,田纪春,翟红梅,等. 小麦蛋白质含量测定方法比较[J].山东农业科学,2006(3):83-84.

[3] Abdi H. Multiple correlation coefficient. In N.J. Salkind (Ed.): Encyclopedia of Measurement and Statistics. Thousand Oaks (CA): Sage, 2007,648-651.

[4] Apan A, Kelly R W, Phinn S R, et al. Predicting grain protein content in wheat using hyperspectral sensing of in-season crop canopies and partial least squares regression. International Journal of Geoinformatics, 2006,2(1): 93-108.

[5] Boken V K, Shaykewich CF. Improving an operational wheat yield model using phonological phase-based Normalized Difference Vegetation Index. International Journal of Remote Sensing, 2002, 23(20): 4155-4168.

[6] Daughtry C S T, Gallo K P, Goward S N, et al. Spectral estimates of absorbed radiation and phytomass production in corn and soybean canopies. Remote Sensing of Environment,1992, 39: 141-152.

[7] Gitelson A A, Kaufman Y J. MODIS NDVI optimization to fit the AVHRR data series-Spectral considerations. Remote Sensing of Environment,1998, 66: 343-350.

[8] Guiarati D N. Basic econometrics. 3rd edition (New York: McGraw Hill), 1995.

[9] Hansen P M, Jorgensen J R, Thomas A. Predicting grain yield and protein content in winter wheat and spring barley using repeated canopy reflectance measurements and partial least squares regression. Journal of Agricultural Science, 2002, 139: 307-318.

[10] Huang W J, Wang J H, Song X Y, et al. Wheat grain quality forecasting by canopy reflected spectrum. International Federation for Information Processing. Volume 259: Computer And Computing Technologies In Agriculture, Volume Ⅱ: 2007, 1299-1301.

[11] Liu L Y, Wang J J, Bao Y S, et al. Predicting winter wheat condition, grain yield and protein content using multi-temporal EnviSat-ASAR and Landsat TM satellite images. International Journal of Remote Sensing, 2006, 27(4): 737-753.

[12] Lu D, Mausel P, Brondizio E, et al. Change detection techniques. International Journal of Remote Sensing, 2004, 25: 2365-2407.

[13] Manjunath K R, Potdar M B. Large area operational wheat yield model development and validation based on spectral and meteorological data. International Journal of

Remote Sensing, 2002, 23(15): 2023-3038.

[14] Marco G, Richard W M, Detlev H. Influence of three-dimensional cloud effects on satellite derived solar irradiance estimation-First approaches to improve the Heliosat method. Solar Energy, 2006, 80(9): 1145-1159.

[15] Matheron G. Principles of Geostatistics. Economic Geology, 1963, 58: 1246-1266.

[16] Matsunak T, Watanabe Y, Miyawaki T, et al. Prediction of grain protein content in winter wheat through leaf color measurements using a chlorophyll meter. Journal of Soil Science & Plant Nutrition, 1997, 43(1): 127-134.

[17] Reyniers M, Vrindts E, Baerdemaeker J D. Comparison of an aerial-based system and an on the ground continuous measuring device to predict yield of winter wheat. European Journal of Agronomy, 2006, 24(2): 87-94.

[18] Reyniers M, Vrindts, E. Measuring wheat nitrogen status from space and ground-based platform. International Journal of Remote Sensing, 2006, 27(3): 549-567.

[19] Sahrawat K L. Fix ammonium and carbon-nitrogen ratios of some semi-arid tropical Indian soils. Geoderma, 1995, 68: 219-224.

[20] Serrano L, Filella I, Peñuelas J. Remote sensing of biomass and yield of winter wheat under different nitrogen supplies. Crop Science, 2000, 40: 723-731.

[21] Shewry PR 2004/Rev. Improving the protein content and quality of temperate cereals: wheat, barley and rye. In Impacts of agriculture on human health and nutrition [online]. [cit. 2010-04-08]. Available on internet: http://www.eolss.net/ebooks/Samplechapter/C10/E 5-21-04-04.pdf

[22] Shih S F. NOAA Polar-Orbiting satellite HRPT data and GIS in vegetation index estimation for the everglades agricultural area. Soil and Crop Science Society of Florida Proceedings, 1994, 53, 19-24.

[23] Stark J, Souza E, Brown B, Windes J. Irrigation and Nitrogen Management Systems for enhancing Hard Spring Wheat Protein. American Society of Agronomy Annual Meetings. Charlotte, North Carolina, October 24, 2001. HTML when last accessed on October 23, 2002: http://agweb.ag.uidaho.edu/swidaho/Nutrient%20Management/protein enhance mentsymposium.htm.

[24] Stone M L, Solie J B, Raun W R, et al. Use of spectral radiance for correcting in-season fertilizer nitrogen deficiencies in winter wheat. Trans. ASAE, 1996, 39: 1623-1631.

[25] Tang Q Y, Zhang C X. Data Processing System (DPS) software with experimental design, statistical analysis and data mining developed for use in entomological

research. Insect Science. , 2013, 20: 254-260.

[26] Terman G L, Ramig R E, Dreier A F, et al. Yield-protein relationships in wheat grain as affected by nitrogen and water. Agronomy Journal, 1969, 611: 755-759.

[27] Wang Z J, Wang J H, Liu L Y, et al. Prediction of grain protein content in winter wheat (Triticum aestivum L.) using plant pigment ratio (PPR). Field Crops Research, 2004, 90: 311-321.

[28] White G C, Anderson D R, Burnham K P, et al. Capture-recapture and removal methods for sampling closed populations. Los Alamos National Laboratory, Los Alamos, 1982.

[29] Wright D L, Rasmussen V P, Ramsey R D, et al. Canopy reflectance estimation of wheat nitrogen content for grain protein management. GIScience and Remote Sensing, 2004, 41(4): 287-300.

[30] Yafit C, Maxim S. A national knowledge-based crop recognition in Mediterranean environment. International Journal of Applied Earth Observation and Geoinformation, 2002, 4: 75-87.

[31] Zhao C J, Liu L Y, Wang J H, et al. Predicting grain protein content of winter wheat using remote sensing data based on nitrogen status and water stress, International Journal of Applied Earth Observation and Geoinformation, 2005, 7 (1): 1-9.

[32] Zribi M, Hégarat-Mascle L. Derivation of Wild Vegetation Cover Density in Semi-arid Region: ERS2/SAR Evaluation. International Journal of Remote Sensing, 2003 (24): 1335-1352.

英文缩写索引

简写符号	英文全称	中文全称
TM	Thematic Mapper	专题成像扫描仪 专题制图仪
MODIS	Moderate Resolution Imaging Spectroradiometer	中等分辨率成像光谱仪
NDVI	Normalized Difference Vegetation Index	归一化差值植被指数
VSWI	Vegetation Supply Water Index	植被供水指数
RE	Relative Error	相对误差
R_{RMSE}	Relative Root Mean Square Error	相对均方根误差
NOAA	National Oceanic and Atmospheric Administration	国家海洋大气管理局
AVHRR	Advanced Very High Resolution Radiometer	改进型甚高分辨率辐射计
VCI	Vegetation Condition Index	条件植被指数
TCI	Temperature Condition Index	条件温度指数
NDTI	Normalized Difference Temperature Index	归一化差值温度指数
WDI	Water Deficit Index	水分亏缺指数
SAVI	Soil-Adjusted Vegetation Index	土壤调节植被指数
LST	Land Surface Temperature	陆地表面温度
SPI	Standardized Precipitation Index	标准降水指数
ASTER	Advanced Spaceborne Thermal Emission and Reflection Radiometer	空间载高级热发射辐射计
RVI	Ratio Vegetation Index	比值植被指数
PVI	Perpendicular Vegetation Index	垂直植被指数
MSAVI	Modified Soil-Adjusted Vegetation Index	修改型土壤调节植被指数
TSAVI	Transferred Soil-Adjusted Vegetation Index	转换型土壤调节植被指数
GEMI	Global Environment Monitoring Index	全球环境监测指数
GNDVI	Green Normalized Difference Vegetation Index	绿色归一化差值植被指数
GIS	Geographical Information System	地理信息系统
GPS	Global Positioning System	全球定位系统

RS	Remote Sensing	遥感
LAI	Leaf Area Index	叶面积指数
ATI	Apparent Thermal Inertia	表观热惯量法
ENVI	Environment for Visualizing Images	图像处理工具(ENVI)
RTI	Radio brightness Thermal Inertia	辐射亮度热惯量
GCP	Ground Control Point	地面控制点
LSR	Land Surface Reflectance	陆地表面反射率
DEM	Digital elevation models	数字高程模型
GRR	Growth Recovery Rate	生长恢复度
SVI	Spectral Vegetation Index	光谱植被指数
TIN	Triangulated Irregular Network	不规则三角网
OIF	Optimum Index Factor	最佳指数因子法
SPOT	Syeteme Probatoire d'observation de la terrester (法文)	地球观测系统

彩图 3-6 晋中市 TM 遥感影像 3D 图

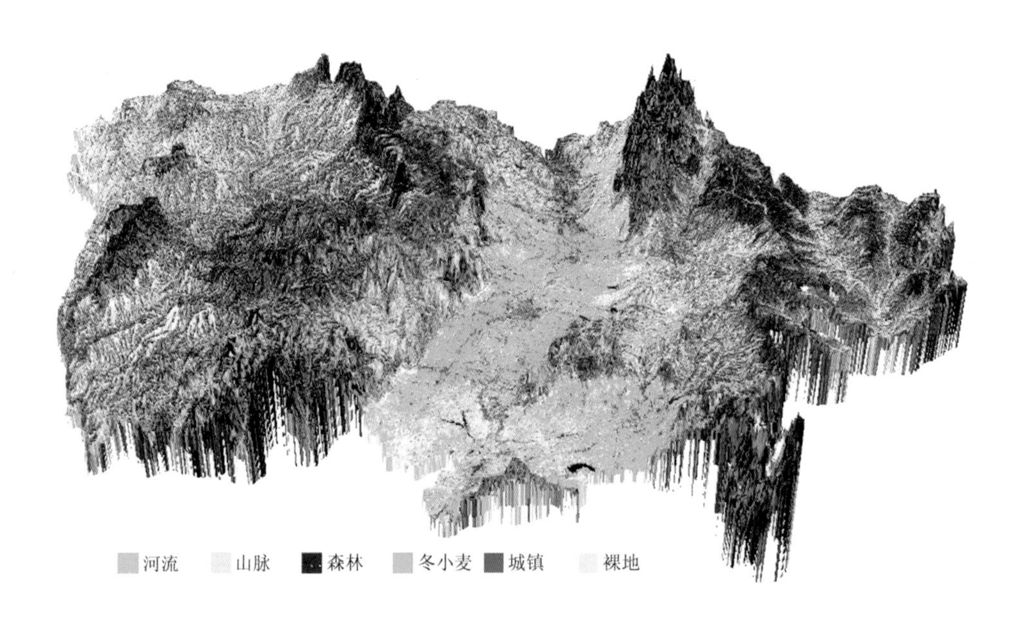

彩图 3-7 临汾市 TM 遥感影像 3D 图

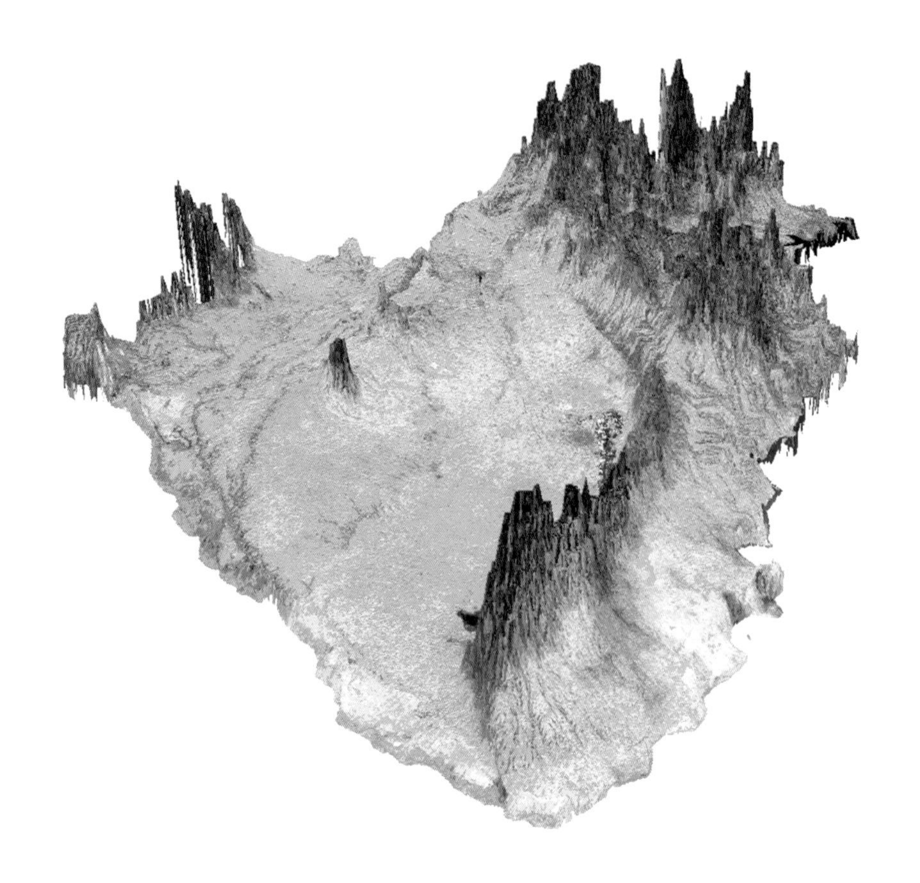

彩图 3–8 运城市 TM 遥感影像 3D 图

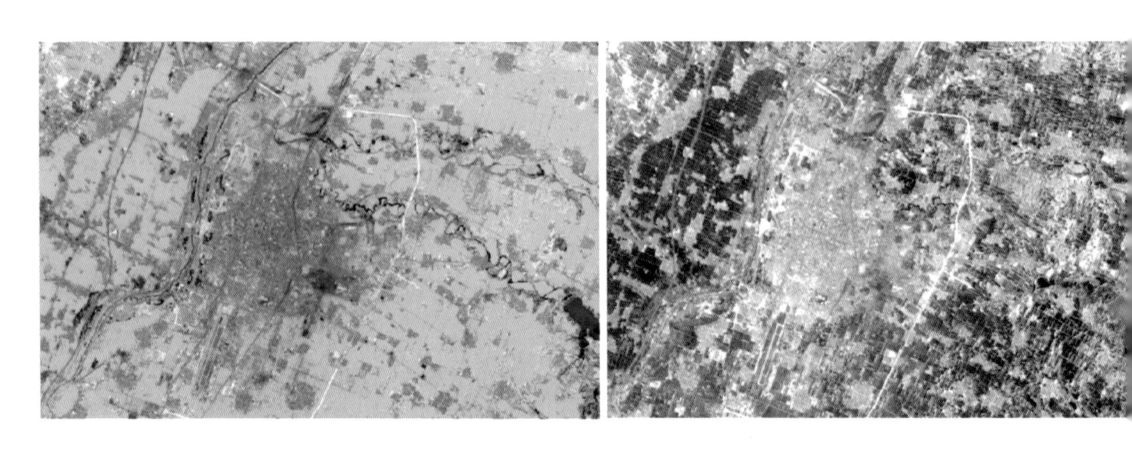

彩图 3–11 TM 743 假彩色合成图像和灰度图像（临汾市部分）

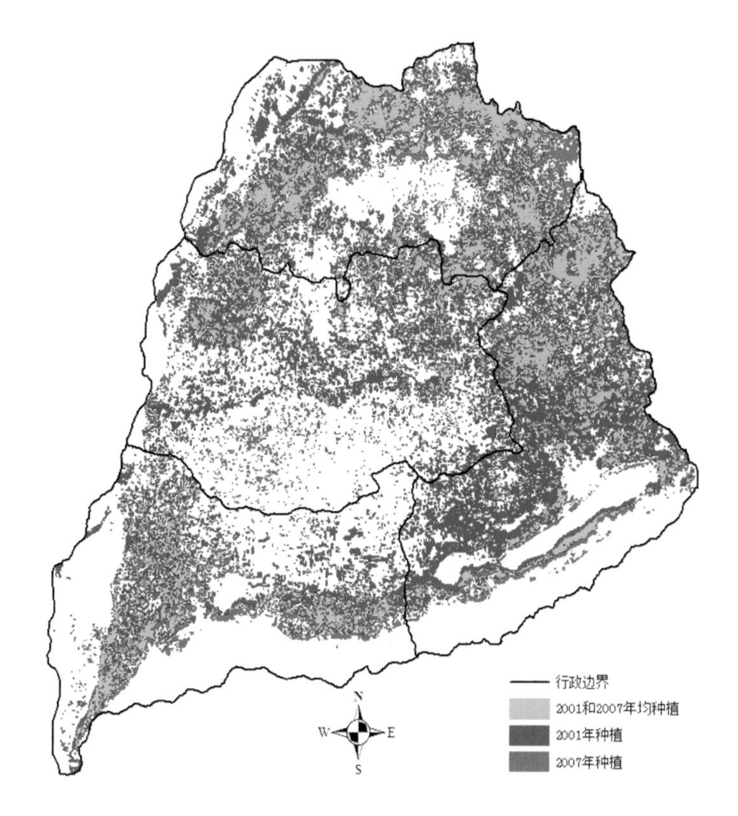

彩图 4-5 2001 年和 2007 年冬小麦分布变化图

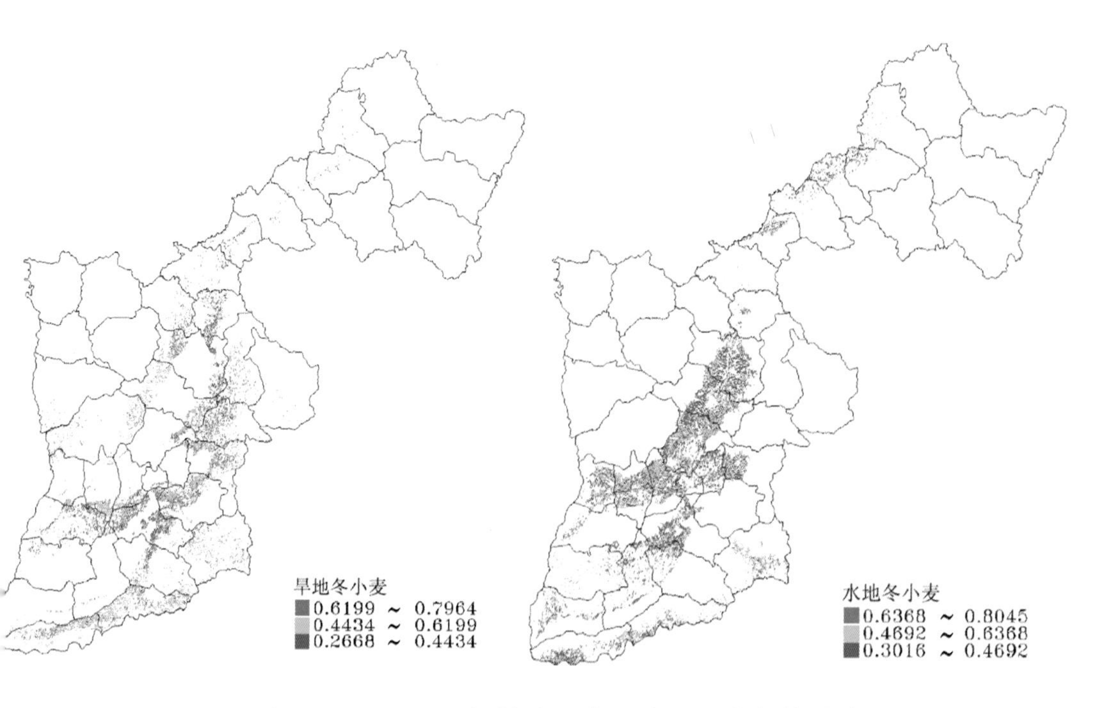

彩图 5-7 2007 年抽穗期水旱地冬小麦长势分类

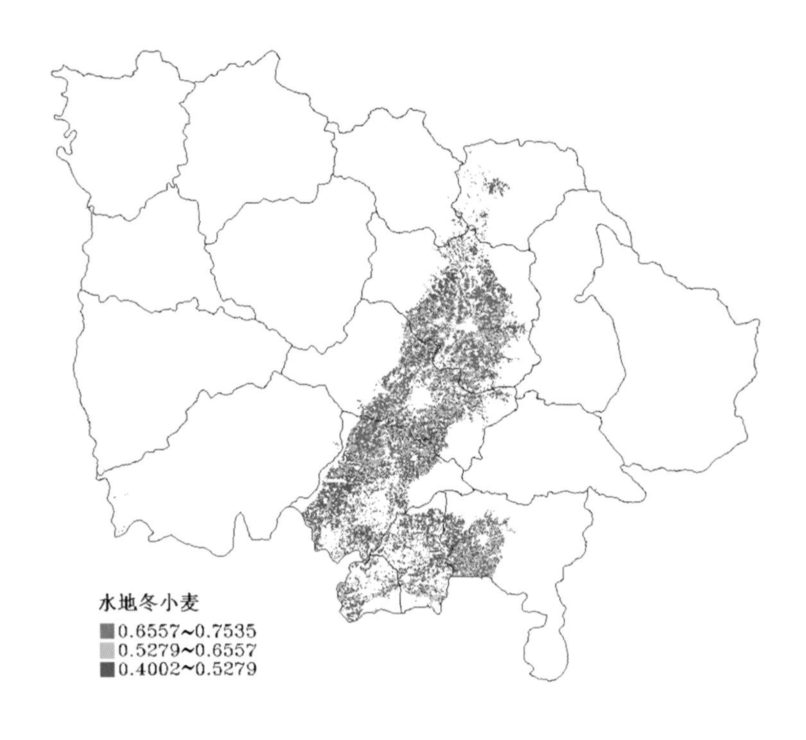

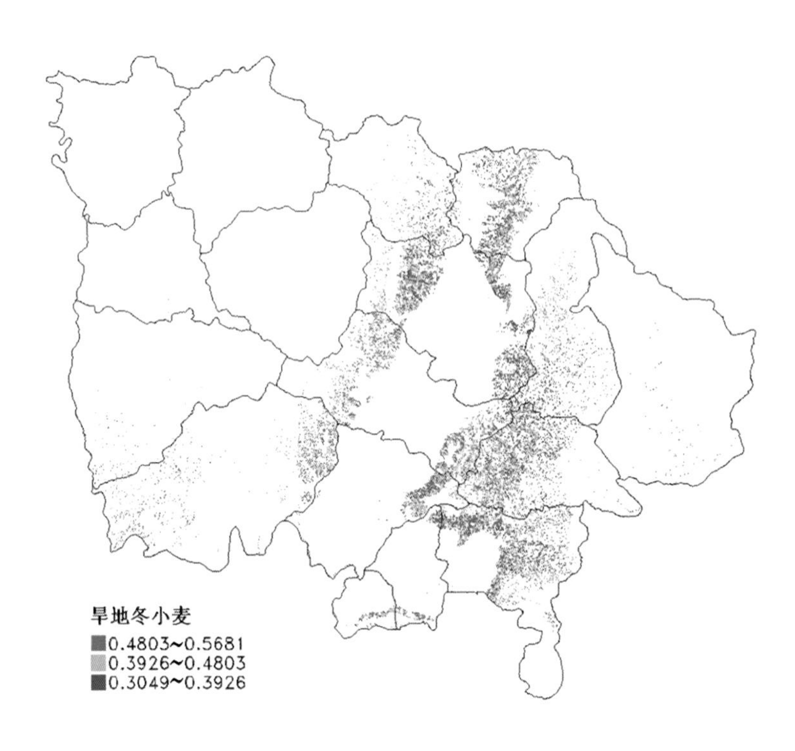

彩图 5-8　2007 年抽穗期水旱地冬小麦长势分类

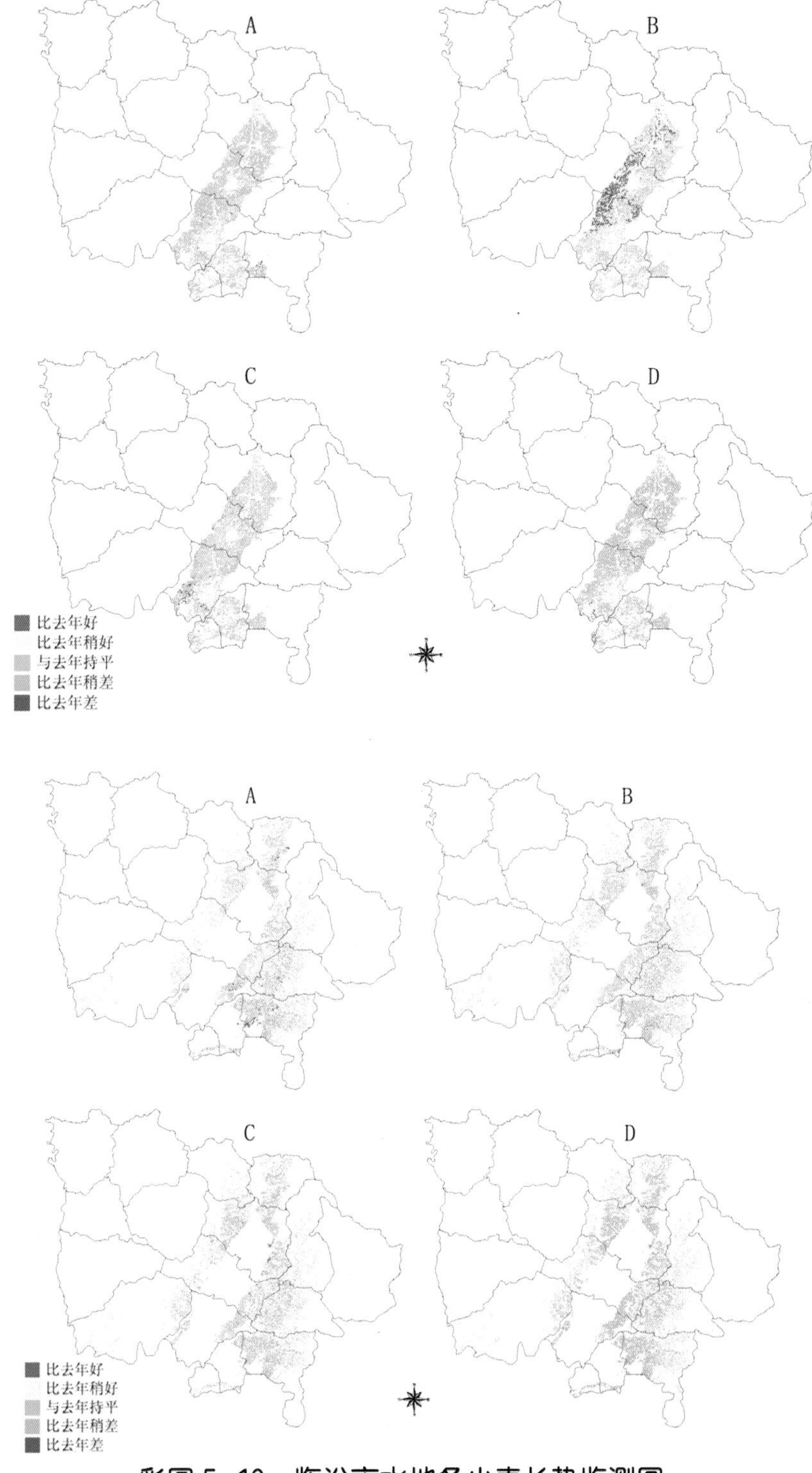

彩图 5–10　临汾市水地冬小麦长势监测图

A 为拔节期，B 为孕穗期，C 为抽穗期，D 为灌浆期（上图为水地，下图为旱地）

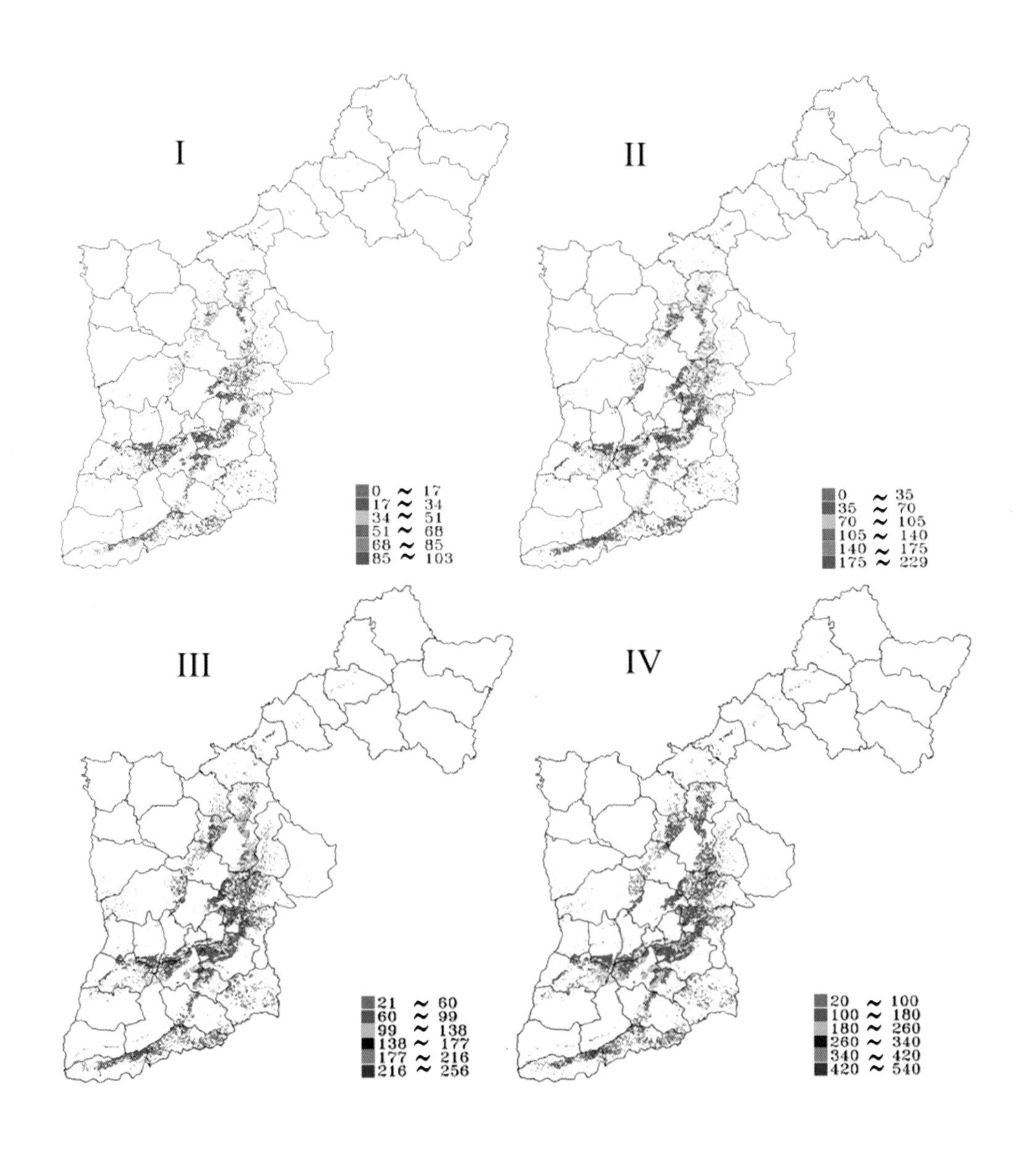

彩图 6-3　不同时期旱地冬小麦供水指数分布

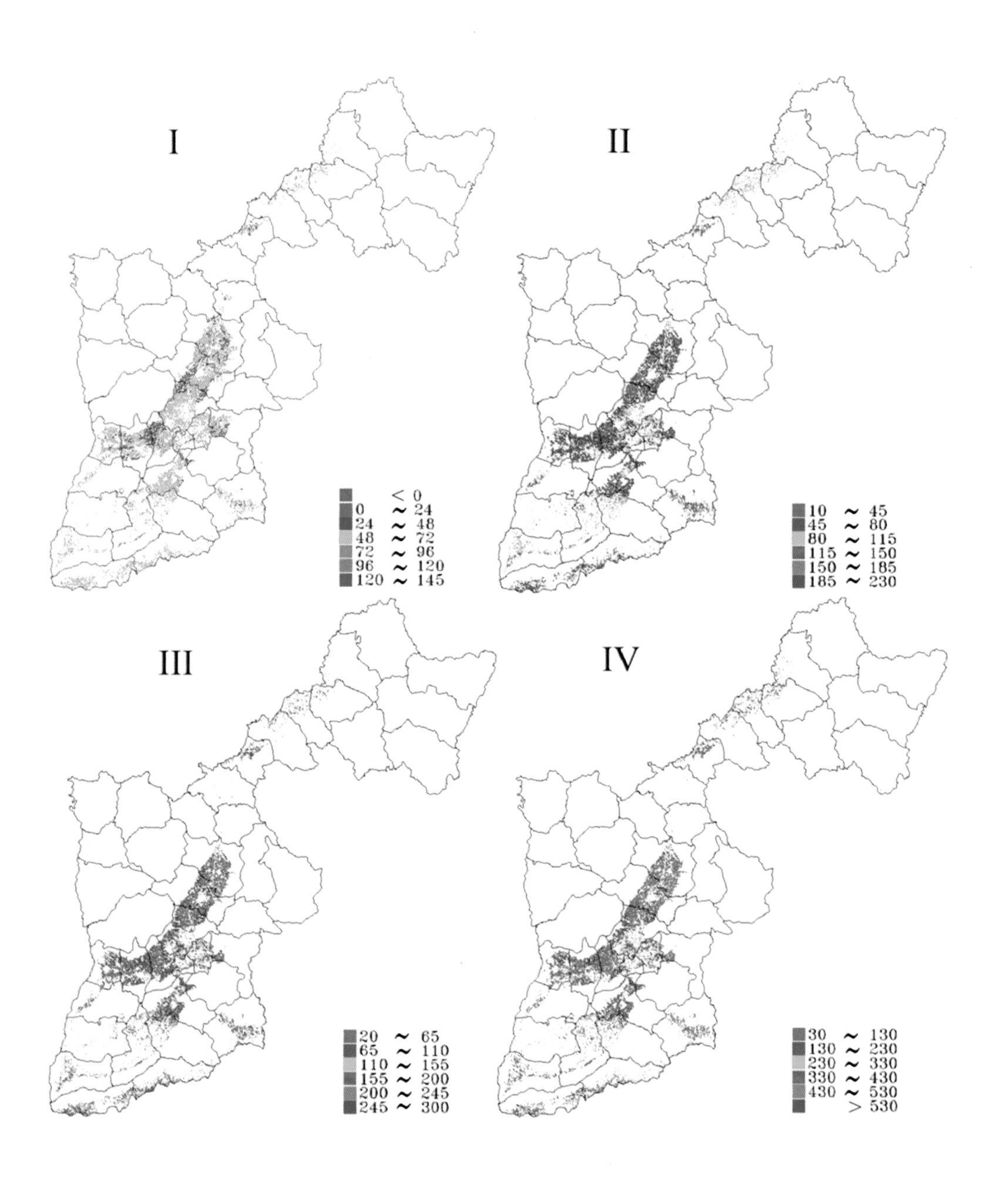

彩图 6-4　不同时期水地冬小麦供水指数分布

彩图 6-6　冬小麦拔节期降温降雪

彩图 6-7　冬小麦拔节期冻害后表现

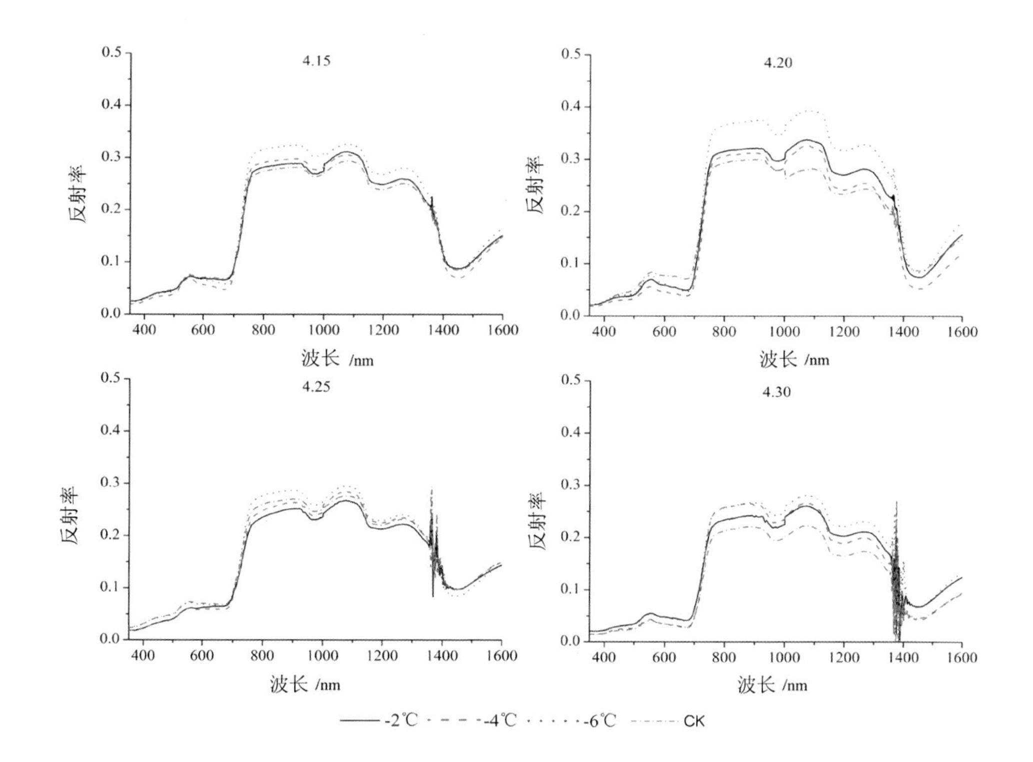

彩图 6-8　不同低温胁迫后冬小麦冠层光谱变化

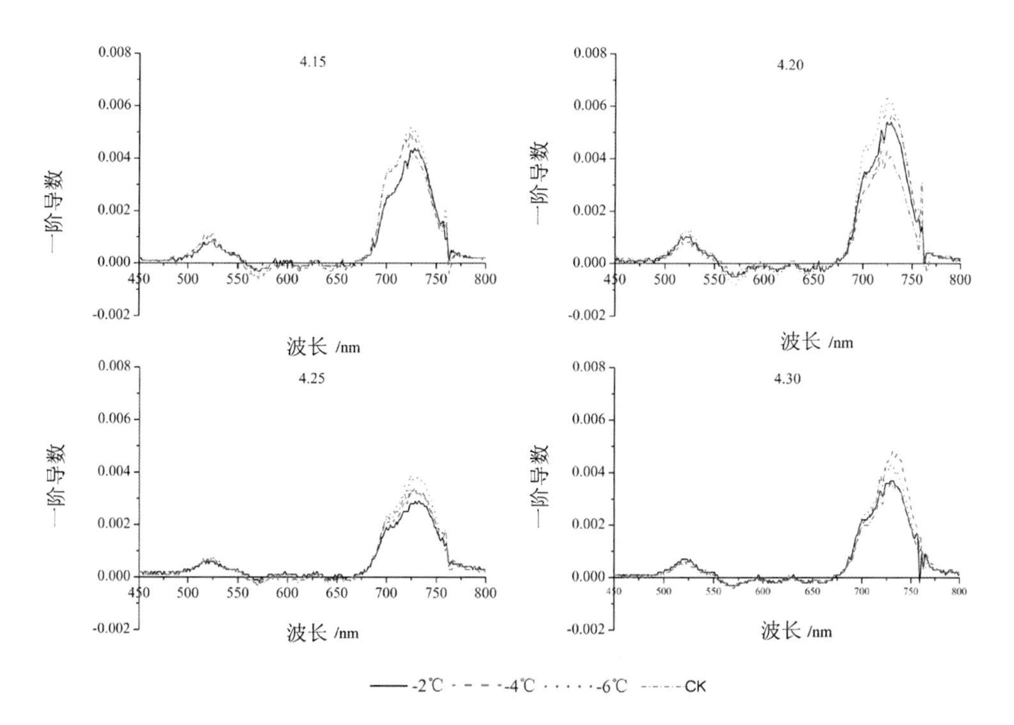

彩图 6-9　不同低温胁迫后冬小麦冠层一阶导数光谱变化

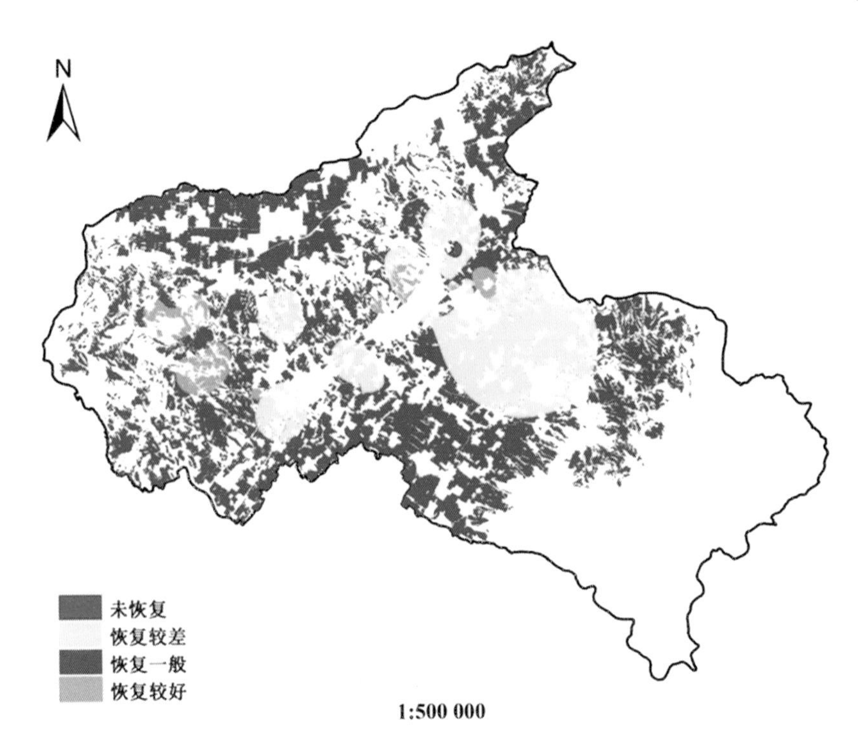

彩图 6-31　冬小麦冻害恢复度分布图

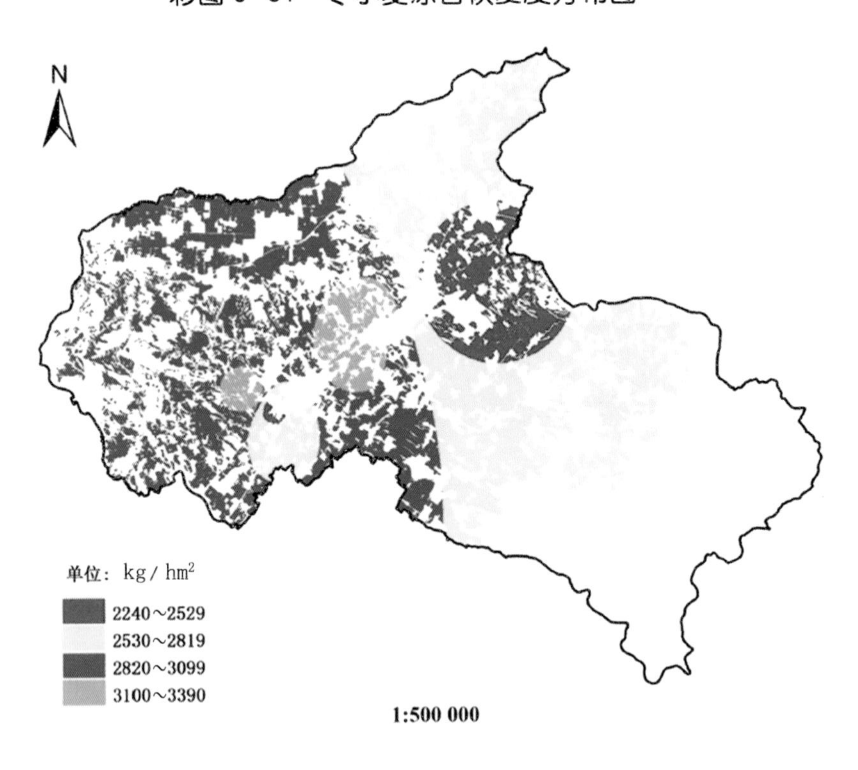

彩图 6-33　冬小麦产量空间分布图

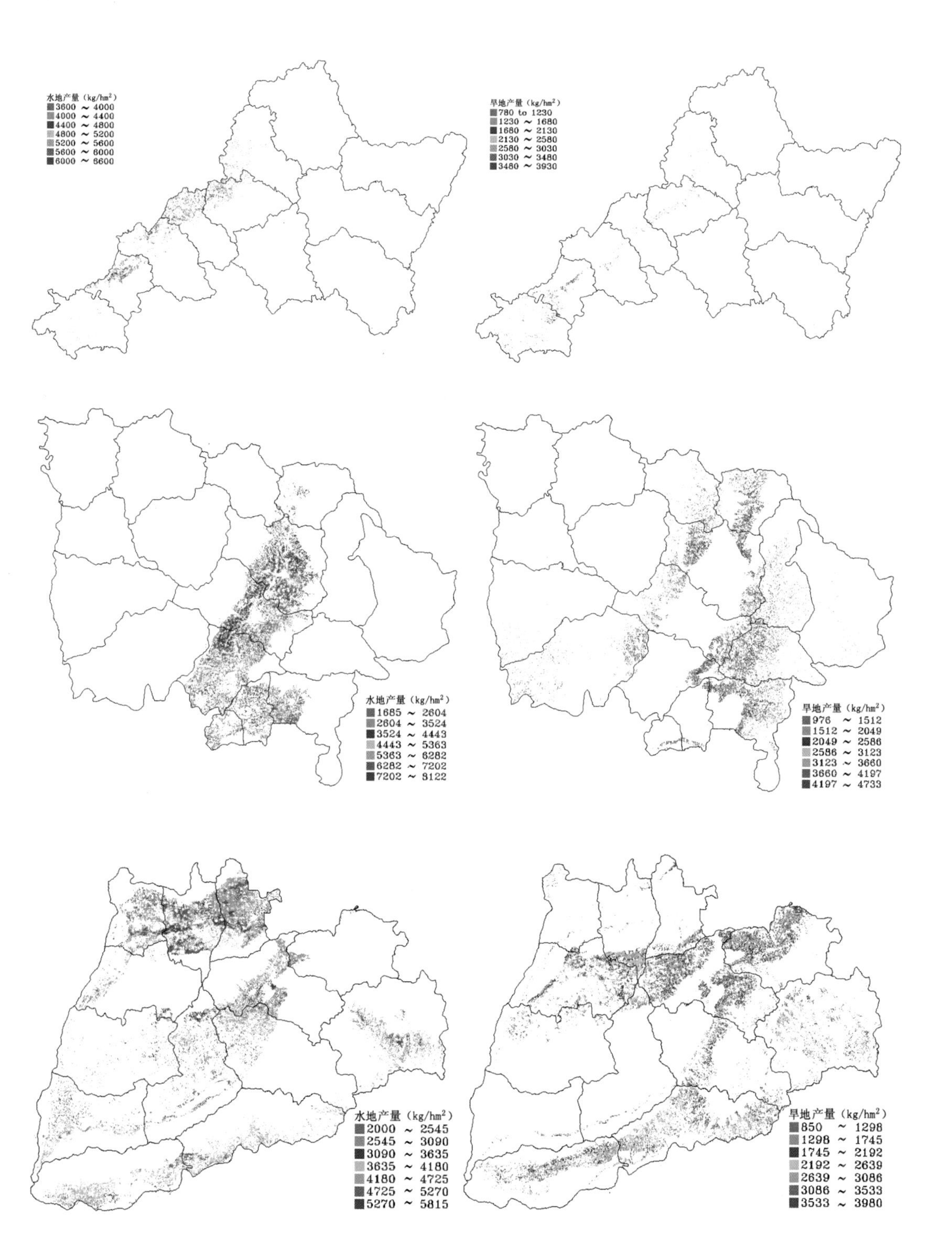

彩图 7-2　研究区水旱地冬小麦产量空间分布图

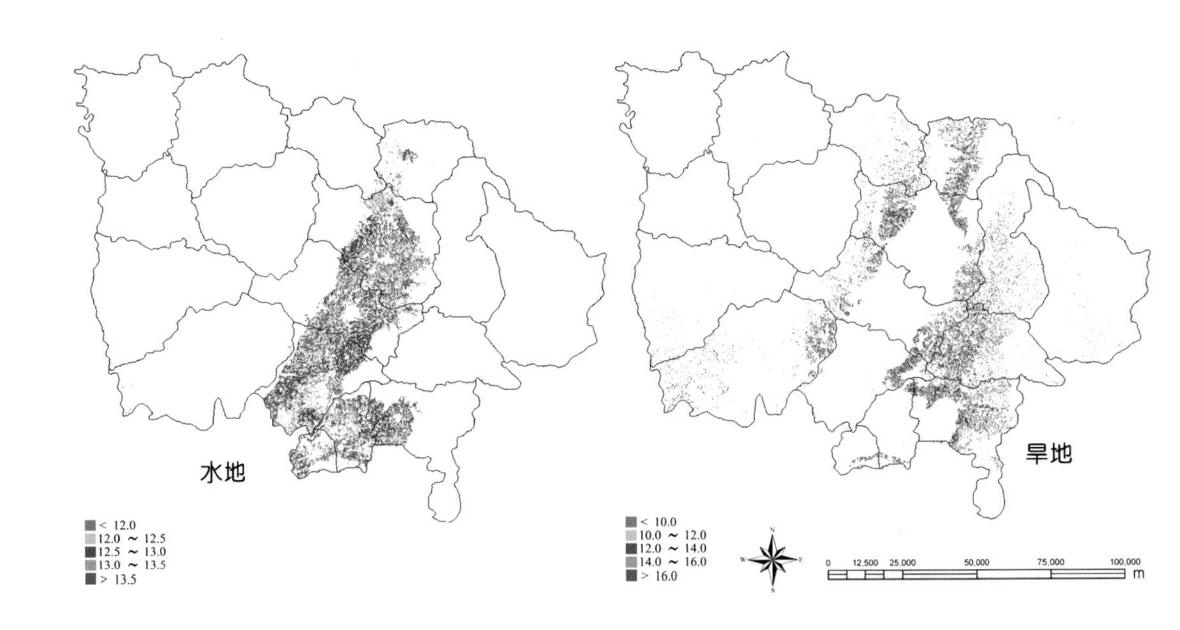

彩图 8-4 临汾市水旱地冬小麦籽粒蛋白质含量的空间分布图

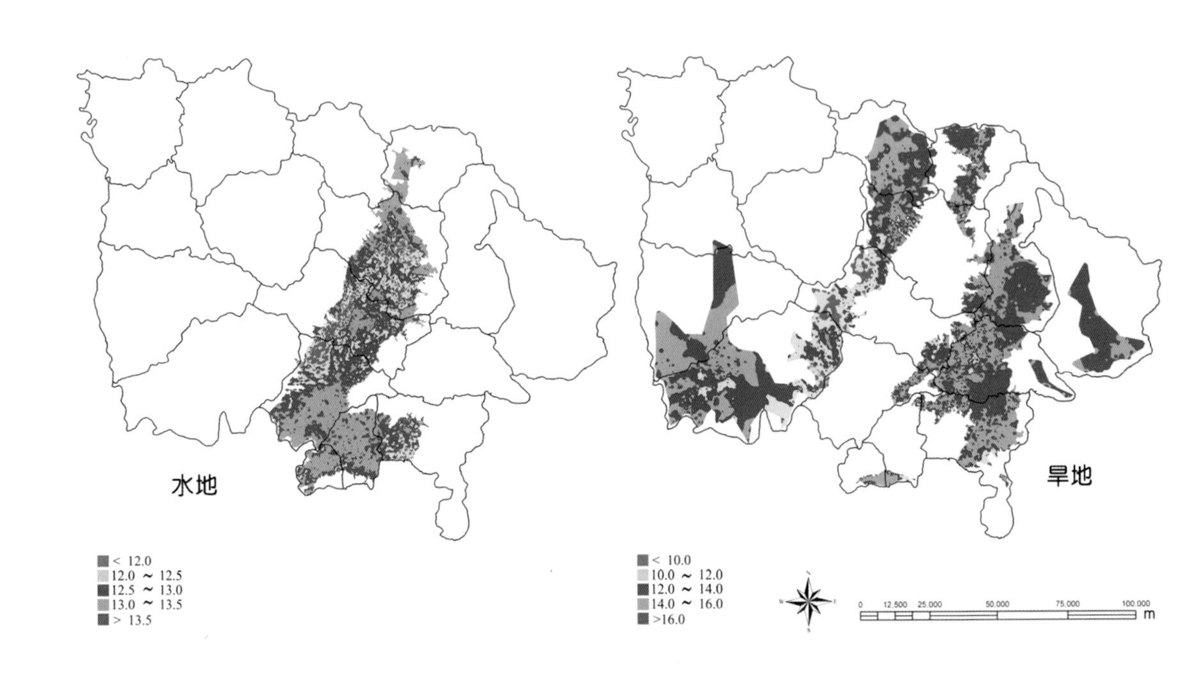

彩图 8-5 水旱地冬小麦籽粒蛋白质含量的区划图